中国式有机农业
（设施蔬菜持续高产高效关键技术研究与示范项目成果、河
南省大宗蔬菜产业技术体系专项资助）

有机蔬菜
标准化高产栽培

马新立　席连禧　陈碧华　卫安全　著

科学技术文献出版社
SCIENTIFIC AND TECHNICAL DOCUMENTATION PRESS
·北京·

图书在版编目（CIP）数据

有机蔬菜标准化高产栽培 / 马新立等著. – 北京：科学技术文献出版社，2013.9

（中国式有机农业）

ISBN 978-7-5023-7685-7

Ⅰ. ①有… Ⅱ. ①马… Ⅲ. ①蔬菜园艺 – 无污染技术 Ⅳ. ① S63

中国版本图书馆 CIP 数据核字（2012）第 314103 号

有机蔬菜标准化高产栽培

策划编辑：周国臻 责任编辑：周国臻 责任校对：张燕育 责任出版：张志平

出　版　者	科学技术文献出版社	
地　　　址	北京市复兴路15号　邮编 100038	
编　务　部	（010）58882938，58882087（传真）	
发　行　部	（010）58882868，58882874（传真）	
邮　购　部	（010）58882873	
官 方 网 址	http://www.stdp.com.cn	
发　行　者	科学技术文献出版社发行　全国各地新华书店经销	
印　刷　者	北京金其乐彩色印刷有限公司	
版　　　次	2013 年 9 月第 1 版　2013 年 9 月第 1 次印刷	
开　　　本	850×1168　1/32	
字　　　数	95千	
印　　　张	5.25	
书　　　号	ISBN 978-7-5023-7685-7	
定　　　价	22.00元	

　　2011 年 11 月 1 日，山西省委书记袁纯清（右）第 2 次到山西昌鑫生物农业科技有限公司视察指导。左为陈冬至董事长

　　2010 年 11 月 1 日，山西省委书记袁纯清（右）与著名微生物学家、中国科学院院士、昌鑫生物首席科学家陈文新（左）亲切交谈。后中为陈冬至董事长

　　山西省新绛县县委、县政府领导关心有机农业生产发展，鼓励生物有机肥生产厂家扩大生产量并加大推广力度，并于每年10月份组织一次"一村一品，惠及三农"的产品展示会。图为2012年县委书记邓雁平（右三）、县长田艺彬（左一）、县委宣传部长郝红霞（右一）、副县长王军胜（左三）、贾文伟（后左二）、农委主任卫国庭（后右一）等领导在展示会上听取横桥乡党委书记黄山石汇报有机蔬菜生产情况

　　2013年6月26日，"中国式有机农业优质高产栽培技术"在北京通过鉴定，被评为"国内领先科技成果"。图为鉴定会全体人员

中国式有机农业优质高产栽培技术发明人、山西昌鑫生物农业科技有限公司顾问马新立在"中国式有机农业优质高产栽培技术"成果鉴定会上向武维华院士汇报基层工作情况

2009年4月13日，陈冬至董事长（前左）与公司专家组老师在一起。这些专家分别是哈尔滨绿洲源生物工程研究所高淑英教授（前右）、河北省科学院微生物研究所靳庆研究员（后左一）、中国农科院土肥所郭好礼研究员（后左二）、中国科学院微生物研究所梁绍芬研究员（后右一）、北京微生物肥料设备研究院宋昭才教授（后右二）

　　2010 年 11 月 3 日，马新立（右二）在杨凌美庭示范园与国家可持续发展委员会会长（原国务院发展中心）魏志远（左一）、台湾两岸农业开发有限公司董事长翟所强（右三）和副总金忆君（右一）讨论生物有机农业技术的规划和应用

　　2012 年 9 月 15 日，山西昌鑫生物农业科技有限公司农化总监席连禧在山西省新绛县北燕村段春龙田中，视察用昌鑫生物有机肥及微乐士生物菌生产的越夏黄瓜。该片田中的黄瓜无病虫害，长势旺

山西省新绛县发展生物有机蔬菜被列为供港蔬菜基地，2008 年 12 月 16 日，被山西省进出口检验检疫局认定为符合出口植物源性食品原料种植基地，并发了备案证书

作者之一马新立设计的生态温室于 2011 年 10 月 19 日被国家知识产权局授予实用新型专利——种长后坡矮北墙日光温室

2005 年 12 月 28 日，山西省新绛县作物有机认证面积达 3133 公顷，蔬菜产品行销日本、美国、俄罗斯、韩国等 6 个国家及我国港澳地区

2011 年 3 月，"马新立牌有机蔬菜"在中国供销社组织的"秀山特产杯"2010"中国具有影响力合作社产品牌"评选中，排名第七

马新立牌研究的生物的集成技术——种有机蔬菜的田间栽培方法，2010 年 12 月 10 日，被中华人民共和国国家知识产权局受理为发明专利。2011 年 8 月 3 日通过互联网向全世界网公布

昌鑫液肥系列

微乐士复合微生物肥系列

 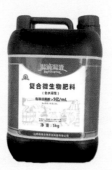

4kg 5-0-10   5kg 4%

渴滴渴灌复合微生物肥系列

昌鑫固肥系列

精制有机肥

治田氏

生物有机肥

主粒君

生物有机肥

地蚯

复合微生物肥

青弹

复合微生物肥

根能力17-0-8

复合微生物肥

根能力15-4-6

山西昌鑫生物农业科技有限公司原料储备仓

昌鑫生物工艺三级微生物发酵罐

碳素有机肥备料

堆积发酵有机肥

机械化上料

低温造粒烘干

检验

（图为中国农科院规划所博士
张树清在现场检查）

自动化包装

智能化码垛

张胜龙用生物技术种植茄子增产 89%

　　山西省新绛县北古交村张胜龙，2011 年 8 月下种，种植荷兰长茄，10 月中旬栽植，667 平方米栽 2000 株，基施昌鑫生物有机肥 120 千克，生物菌液 3 千克，玉米干秸秆 4000 千克，鸡粪 3000 千克，定植后用植物诱导剂 800 倍液灌根一次，基施赛众 28 硅肥 50 千克，结果期施 51% 矿物钾 200 千克。2012 年 7 月份，667 平方米产茄子 1.7 万千克，较化学技术产 0.9 万千克，增产 8000 千克，增产 89%。

梁春生用生物技术种植茄子果丰长势好

　　2012 年秋，山西省新绛县武平村梁春生，按 667 平方米施鸡、牛粪各 10 方，昌鑫生物有机肥 250 千克＋钾＋植物诱导剂技术，茄子果丰长势好，667 平方米理论产量 2 万千克。

（马波 摄）

任先奎用生物技术种植山药亩产 5100 千克

　　山东省腾州市长楼村任先奎，在该村承包沙壤土地 16 公顷，按生物技术种植菜瓜，667 平方米施昌鑫生物有机肥 100 千克，秸秆碳化颗粒肥 200 千克（含碳达 70% 左右）；含有机质 30%，钾 16% 的黄腐酸钾 200 千克，三元复混肥 200 千克，生长中期追施含钾 36% 的黄腐酸钾肥 10 千克，加之，地下水中含碳素丰富，2012 年土豆 667 平方米产 4080 千克，山药亩产 5100 千克左右，较常规化学技术增产 2000~2500 千克。

李藕莲用生物技术种植温室早春欧盾西红柿 667 平方米产 1.96 万千克

　　山西省新绛县东南董李藕莲，温室早春莅西红柿选用秘鲁圣尼斯产欧盾品种，粉红果，单果重 220 克左右。2010 年 1 月下种育苗，2 月下旬栽，667 平方米栽 2800 株，按有机碳素肥（鸡、牛粪 + 秸秆 5000 千克）+ 生物菌（6 千克）+ 植物修复素（2 粒）+ 赛众 28 硅钾肥（75 千克）+50% 硫酸钾 50 千克，冲施沼液 3 次，叶面喷施清沼液 5 次，西红柿一生几乎无病虫危害，4 月中旬上市。图为 5 月 18 日长势，留 6 穗果，用生物技术管理单果重达 350 克左右，每穗留 3～4 果。株产 7 千克，677 平方米产果 19600 千克，果实累累，丰满漂亮，系有机食品。

　　（农林卫视 2010 年 4 月 1 日到 7 日做了核产报道　光立虎　摄）

蔺太昌用生物技术种植春西红柿较化学技术增产 1.8 倍

　　山西省新绛县光村蔺太昌，2012 年首次建起温室种植春莅西红柿，667 平方米施牛粪 1 .2 万千克，鸡粪 3000 千克，基施昌鑫生物有机肥 800 千克，赛众 28 硅钾肥 25 千克，植物诱导剂 800 倍液叶面喷洒一次，生物菌液分 4 次冲入 8 千克，50% 硫酸钾 150 千克结果期分 6 次施入，留 6 穗果，层果均匀，植株生长后劲旺，果实丰满，一层产果 5600 千克，667 平方米产果 1.4 万千克，较邻地用化学技术产 0.5 万千克，增产 1.8 倍。

　　　　　　　　　　　　　　　　　　　　　　　　　　　　　　（马波　摄）

　　2012年6月5日，国务院《三农发展内参》办公室主任董文奖在山西省新绛县光村蔺太昌温室里研究用生物技术阳泉昌鑫生物有机肥公司生产的生物有机肥种植的西红柿——产量高1.8倍左右，口感好，是微生物打开植物次生代谢功能作用的效果。马新立说："好多人不相信用生物技术生产有机蔬菜产量，较化学技术能翻番。"刘立新说："我没来新绛考察之前就信。"

（本内容刊于《山西晚报》2012年7月2日　马新立　摄）

蔡栋梁用生物技术栽培红富士苹果亩产达4600千克

　　用昌鑫有机肥＋生物菌＋植物诱导剂＋钾（赛众28）＋植物修复素技术，苹果着果丰满，没有大小年。特别是早春果树开花期，遇到下雪多数树出现冻害伤叶落花，而用生物技术，叶花抗寒，没受到冻害。每年667平方米都可产果4000～4600千克。图为2012年山西省新绛县西南董蔡栋梁有机苹果专业合作社苹果树坐果情况。

（光立虎　摄）

万欢用生物技术种植辣椒 667 平方米产达 2 万千克

武六合生物技术种植辣椒亩产 1.5 万千克，收入 5.5 万余元

湖南省常德市田园蔬菜产业园万欢，2012 年 667 平方米施稻壳 3000 千克，鸡粪 2000 千克，赛众 28 钾硅肥 25 千克；总用生物菌液 30 千克，第一次随水冲入 5 千克，以后每次 2 千克；鸡粪提前 25 天用生物菌稀释液喷洒一次，兑水致喷后地面不流水为度；总用 51% 天然硫酸钾 200 千克，基施 25 千克，以后随浇水一次冲生物菌 1~2 千克，另一次冲入钾肥 25 千克；幼苗期在苗圃中用 1200 倍液植物诱导剂叶面喷一次，定植时用 800 倍液喷一次；结果期用植物修复素叶面喷 2 次（间隔 7~10 天）。采用以色列与加拿大品种自选杂交一代，667 平方米栽 2000 株左右，产辣椒达 2 万千克，并达到有机蔬菜标准要求。

山西省新绛县王守村武六合，2011 年秋季在温室内定植荷兰 37-79 厚皮大辣椒 1600 株，基施鸡粪 10 方，昌鑫生物有机肥 280 千克，结果期随水分 4 次冲施 50% 天然矿物钾 100 千克，共产辣椒 1.5 万千克，收入 5.5 万余元。分析:（1）施半湿态鸡粪 1 万千克，其中氮、磷过多，若鸡、牛粪各 5000 千克，土壤不板结，植株不徒长，产量会更佳;（2）尚在苗期施一次 800 倍液的植物诱导剂，在生长中后期冲一些生物菌液，还有增产空间。

（马波 摄）

张红平用生物技术种植辣椒果形丰、长势好

山西省新绛县古交镇中苏村张红平，2012 年种植夏秋茬辣椒 10 个棚，品种为"荷兰 76"，每棚施鸡、牛粪各 8 方，昌鑫有机生物肥 40 千克，生物菌液 2 千克，植物诱导剂粉状 50 克，按生物技术亩目标产量为 1.5 万千克。在 4 叶一心时按 1200 倍液叶面喷一次，定植后按 800 倍液灌根一次，施 50% 天然硫酸钾 15 千克，叶面喷植物修复素一次。到 2013 年 1 月 2 日观察，每株着辣椒 15~20 个，重 1 千克左右，果形丰，无病虫危害，长势好。

（马新立 摄）

阮庭成用生物技术种植有机叶类菜直供超市

2012 年，深圳某超市蔬菜供应商认为，"此技术是现代农业的创举成果"，2010—2012 年按生物技术生产有机生菜、菜心、芥兰、菠菜、白菜、香菜、芹菜等 20 余种，叶类菜产量均比过去提高 50% ~ 80%，产品供应深圳某超市，受到广大消费者认可。

前言 *Preface*

  2012年2月1日，中共中央、国务院发布了第9个1号文件，其中关键词是"推进农业科技创新"；要点是"提高单产，靠继续增加使用化肥农药，不仅效益在降低，而且破坏环境，也难以为继"；注目点是"把增产增效并重，良种良法配套，农机农艺结合，生产生态作为基本要求"；创新点是"大力加强农业技术研究，在农业生物控制、生物安全和农产品安全等方面突破一批重大技术理论和方法，加强推进前沿技术研究，在农业生物技术、信息技术、新材料技术、先进制造技术、精准农业技术等方面取得一批重大自主创新成果，抢占现代农业科技制高点"。由此可见，有效整合科技资源，集成、熟化、推广农业科技成果是我国农业的未来发展方向。

  党的十七届三中全会提出，到2020年我国农民人均纯收入比2008年翻一番。因此，开发农业生物技术，提高土壤生命活力，生产高产有机农产品就成为农业经济翻番的重要支撑力量。

  科学创新集成技术原则一是降低成本，二是提高产量，三是提高效率，四是解决无奈。本书总结的作物生产十二平衡、五大要素集成技术，正符合中央农村工作精神中的创新技术要求。应用在全国各地各种作物上，产量都比化学农业技术提高0.5～3倍。过去用化学技术作物增产10%～30%，有人信；现在用生物技术增产提高几倍，好多人不信。但实际上，大家一做就成，一做就信。

益生菌与中、微量元素结合，能打开作物风味素，提高作物产品产量，延长保鲜贮存期，如施用了益生菌种植的西红柿可在常温下存放45天左右，且果实硬度好、含糖高。

我国是世界上有机栽培最早的国家，利用有机肥生产农产品可追溯到3300多年前，而化学农业仅100多年，生物技术农业40多年。1937年确立的次生代谢理论，源自"秧薅三遍出好谷，棉薅七遍如白银"，是说中耕打开次生代谢功能之增产效果。用微乐士生物菌液技术打开次生代谢作用的认定，也是近30年的事。20世纪80年代，我国教科书上只讲到"锄头底下有肥，有火、有水"的增产效果，没讲到次生代谢功能的增产作用。西方有机农业要求是：不施化肥和鸡粪、人粪尿，地越种越薄，产量越种越低，经过几年后再换地种植；西方式农业不适合中国现有环境与条件，每几年换一次地，人多地少走不通，要找一条可行之路，那就是整合集成创新有机农业技术——"一种有机蔬菜的田间栽培方法"。病不是菌害，是缺营养素引起的，已成为中国专家的定论。目前农民碰上什么肥，就用什么肥，不是过量就是主次倒置，这是普遍现象，人为很难做到平衡，那就只有靠施入微乐士生物菌液去实现平衡了。

现今，国内外对食品安全的要求十分迫切，但均认为有机农业是不用化肥和化学农药的，作物产量会下降20%～50%。而用化学技术生产的农产品污染严重是肯定的，已给人类造成极大的威胁和灾难。特别是在欧美地区，以轮作倒茬为中心的生产有机食品模式，即准备生产1亩地（667平方米）有机农作物，就需安排3亩地（2000平方米）耕地，田间管理不施任何生产物资，靠自然生长产量低得可怜。

经过我们几年的研究，运用生物有机营养理论，整合当今科技成果，即碳素有机肥+微乐土益生菌（二者结合为生物有机肥，此肥料能使土壤和植物营养平衡，使作物不易被染病害，可避虫，能打开植物次生代谢功能，提高品质和产量）+天然矿物钾（作物膨果、品质营养元素）+植物诱导剂（提高光合强度和作物的特殊抗逆性）+植物修复素（愈合病虫害伤口，提高根部活力），按此集成技术，不存在连作障碍，几乎不考虑病虫害防治，在任何地区选用任何品种，均可比目前用化学技术提高产量0.5～3倍，产品属有机食品。此技术2010年被中华人民共和国国家知识产权局认定为发明专利，2011年8月3日正式向世界公布。

2012年6月6日，国务院《三农发展内参》办公室主任董文奖与中国农业科学院研究员刘立新亲临山西省新绛县调研。调查认为：新绛县科技人员研究的这种模式系中国式有机农业技术。本书以山西昌鑫生物农业科技有限公司生产的产品效果为基调，以降低农业投入成本30%～50%、较化学技术提高产量0.5～3倍为效果效益追求，生产有机食品为宗旨，开展了生产实验和总结，效果十分惊人。现将生产过程总结、整理、集结成书，以期对我国乃至世界三农经济发展和食品安全供应起到有益的作用。

西方有机食品的生产是以牺牲产量为代价的生产方式，这种方式生产的有机食品只能提供给社会上层人物和有钱人，普通老百姓无力问津；而我们提出的中国式有机食品的生产方式，在品质、风味方面与西方的要求相同，而在产量水平上却比施用化肥的产量提高0.5～3倍，做到好吃不贵，中国式有机农产品将成为全世界普通百姓吃得起的安全食品。

我们确信，如果采用"一种有机蔬菜的田间操作方法"，在区域推广碳素有机肥+微乐士有益菌液+钾+植物诱导剂+植物修复素集成专利技术，1～2年农业经济就能翻一番。

马新立（联系电话：0359-7600622）

席连禧（联系电话：0353-6983561）

目录 *Contents*

绪论
"中国式有机农业优质高效栽培技术"理论与实践

第一章
有机农作物高产栽培操作标准

第二章　生物有机农业新观点

第三章　温室、拱棚设计建造

附录　山西昌鑫生物有机农业高峰论坛

附图与附表

绪论 "中国式有机农业优质高效栽培技术"理论与实践

2005年以来，山西昌鑫科技有限公司顾问马新立以及新绛县科技人员围绕农业增收、食品安全一直在探索研究作物优质高效生物技术模式：一是将作物生长的三大元素氮、磷、钾改为碳、氢、氧；二是将"农业八字宪法"调整为"十二平衡栽培技术"；三是把相关成果集成为碳素有机肥+益生菌+赛众28钾硅调理肥+植物诱导剂等，将能打开植物次生代谢功能和途径的物质整合成的套餐技术模式，充分利用光、温、气、菌要素；四是在几乎不用化肥和农药的情况下，使作物产量较化学技术增产0.5～2倍。

2010—2013年，这项集成技术被国家知识产权局受理为发明专利——"一种有机蔬菜的田间管理方法"、"一种开发有机农作物种植的技术集成方法"，2009年由新绛县西行庄立虎有机蔬菜专业合作社实施推广，其产品供应香港5年。2012年6月24日，香港食卫局长周一岳说："内地供港食品（新绛有机蔬菜）合格率99.999%，这在世界都是很难得的。"2013年6月26日，在中国农科院农业资源与农业规划研究所论证报告厅，"中国式有机农业优质高效栽培技术"通过了由山西省成果处肖永红主持、以武维华院士为组长的9名入库专家鉴定组的鉴定，被认定为国内领先行业科技成果。其四大理论与实践成果简述如下：

一、光碳生物吸集理论与实践（天空）

日本专家比嘉照夫在1991年著的《农用与环保微生物》一书中论述："在实际生产上，太阳能的利用率是在1%以下，即使像甘蔗那样高效光合作用的C4植物，其生长最旺盛期的光合利用率也只能达到瞬间6%～7%的程度。""二氧化碳利用率不足1%。"

显然，光碳利用率提高1%～2%，产量就可提高1～2倍。单用光碳收集剂产量可提高25%左右，举3例如下：

（1）芦新新用光碳生物技术种植夏菠菜成功　山西省新绛县西横桥村芦新新（13994990544），2013年选用"抗热王"品种，在38℃能保持生长，667平方米用量1800克，5月12日撒播，667平方米施生物肥5千克，6月17日叶面喷洒光碳生物液肥，每100克兑水14千克。6月25日收割，菠菜叶绿而厚实，667平方米产2100千克，每千克6元，667平方米收入1.26万元，系良种良法管理相结合的结果，生长过程中曾4次出现36～38℃高温天气，一般情况下菠菜会热害枯死，在晋南越夏菠菜因热害无人敢种。

（2）王双喜用光碳核剂种植韭菜高产优质　山西省新绛县符村王双喜（13467251993），2012年5月大田栽植的韭菜，品种为"绛州立韭"，2013年在早春收割3刀后，即5月24日在韭菜高10厘米左右时，叶面上按15千克水兑入光碳核液150克，7天左右见效，叶油绿鲜嫩，第4刀韭菜比对照田早上市6天，667平方米产1250千克，增产250千克左右，每千克1.6元，增收400元，因品质好，每千克比对照多卖0.2～0.4元。俗话说："六月韭、臭死狗"，而用光碳技术韭菜食味清香软滑。投入产出比达1：16～30。

（3）吕红枝用光碳核液油唛菜高产优质　山西省新绛县西曲村吕红枝（13613439704），2013年6月3日下午，在她种植的油唛菜（品种为尖叶油唛）生长后期，叶面喷了一次300倍液光碳核剂液，即15千克水中倒入该包装一瓶盖，约50克左右，6月10日始收，到6月14日结束，油唛油绿水亮，老化推迟，干烂叶轻，茎粗叶厚，667平方米产达2500千克，较比照田667平方米产2000千克左右，增产500千克，因品质好，市场批发价1.2元/千克，较对照每千克0.6～0.8元，高出0.4～0.6元，合667平方米产值3000余元，较对照增收1倍左右。俗话说："六月里唛一把柴"，吕红枝的油唛菜高产优质。

二、胁迫作物打开次生代谢功能和途径理论与实践（内因）

中国农科院研究员刘立新在2008年著《科学施肥新思维与实践》的代前言中论述：人造环境胁迫使作物抗逆增产，及早打开次生代谢功能和途径，同时释放出化感素和风味素。人们常言，温室里的花朵经不起风吹雨打。然而，胁迫能锻炼植株抗逆性，提高产量和质量是无疑的。在作物生长的一定阶段，自然和人为地对植物体进行创伤，胁迫使之较强产生次生代谢功能和阻碍光合作用产物回流到根部，缩短、加快物质循环利用和营养积累，提高作物产品的密、硬、糖度等产量。确认为胁迫对作物产生次生代谢功能机理。

如适度的风、热、虫、冻害、火伤、冰雹等自然伤害，人为的中耕、打杈、环剥、摘尖等，伤叶伤根，施益生菌液、调理剂、光碳核液等，使作物体产生伤洞，就是胁迫作物产生次生代谢功能之措施。在生产实现中笔者调查发现以下状况的增产幅度在10%～25%，举8例如下。

（1）烧伤胁迫 火烧热烤造成植体轻伤，植物体内产生大量激素，使之胁迫，打开作物次生代谢功能。山西省新绛县符村刘双奎（18735930393），2012年6月8日种植麦茬秸秆还田复播玉米3334平方米，品种为"并单5号"，待玉米长到15厘米左右高时，临地因点燃麦茬秸秆而引燃自己的玉米田间麦茬秆着火，造成玉米苗烧伤干枯。经法院判决，点燃者给被烧者刘双奎667平方米赔损失800元。之后刘双奎在田间观察，玉米秧叶枯干，但根尚好，就在第2天浇了一次水，3天后新叶长出来了，8天后完全恢复生长，按一般正常管理，到9月份收获，667平方米产达740千克，且籽粒饱满，较没烧伤的玉米667平方米产600千克左右，增产了140千克。

（2）啃伤胁迫　植物受到创伤后，传导信息系统为产生愈合物，使整株半休眠细胞处于紧张工作状态，从而胁迫产生激素激活次生代谢功能。山西省新绛县符村王双喜（13467251993），2011年12月26日，小麦品种为"良星66"，浇水后地封冻时，本村王全着的羊啃了他的麦苗，就请本村黄先生写告状书说："羊嘴如镐，连根带叶刨"，要求养羊户赔偿，王全着（13466949507）说："我的小麦年年在封冻后放羊啃麦，将稍叶吃掉一些，多年来产量不比别人低"。也请黄先生写了个回状"地冻如铁，只啃须叶，赔多少明年减产再给"，结果，王双喜的小麦来年667平方米产量达500千克，而没被啃者只有350～450千克，增产50～150千克。

（3）氨热气熏胁迫　环境突然变劣，植物整体会进入应急状态，大量产生抗逆物，提高自身的适应性，从而加速生长提高产品数量和质量。2008—2012年，山西省新绛县西曲村马根路，在早春拱棚小甘蓝长到心叶抱住头，即4月10日左右，选晴天中午将棚扣严，每667平方米随水冲入碳酸氢铵50千克，棚温升到40℃以上，待外叶打蔫时，然后去掉薄膜，让外叶脱水边缘干枯，其甘蓝包心快，上市早，产量高。过去认为，是控外叶、促心叶生长的原因。现在才明白，是氨、热害胁迫作物体打开产生次生代谢功能之作用。

（4）脱叶创伤胁迫　山西省新绛县有温室西红柿1万余公顷，2000年以来，群众总结出一条高产经验，就是每穗果轮廓形成后，将穗以下叶片全部摘掉。过去认为去掉老黄叶让其较少较迟产生乙稀，防止钾素往叶内倒流，引起果实变软而减产。现在才认识到，很大程度上系打叶伤害作物的胁迫增产作用。

（5）中草药伤胁迫　山西省浮山县张庄乡卫坡村石大旺，2009年在早春大棚西葫芦上喷洒植物诱导剂300倍液（应该用600倍液），引起植株中草药药害矮化，后又用900倍液浓度解症，中后期温度控制在23～25℃，生长期始终整齐。667平方米产量达1万千克，较没用中草药害者产4500千克左右，增产1倍多，系药物矮化增强抗逆性和胁迫植物打开次生代谢途径的增产作用。

（6）益生菌打洞胁迫　山西省新绛县北杜乌贾万金（13903483679），连续6年来用生物菌集成技术种植西红柿，按当年当季价格留穗4～8层果，667平方米每层果产2500千克左右，每作产1万～2万千克，果实口感好，很少染病虫害。过去认为是以菌克菌、以菌抑虫、以菌解碳肥的增产作用。2012年经咨询中国农科院刘立新，才获知益生菌对作物体不断地打洞出现胁迫增产作用，即打洞→愈合→再打洞→再愈合的打破平衡到自满平衡，再打破平衡再自满平衡的生长发育原理。

（7）冰雹伤叶胁迫　2013年6月11日，山西省平陆县露地西红柿发生冰雹灾害，农民技术员解立志（13834471579），推广应用植物修复素（1粒）配微乐士生物菌液（50克）兑水14千克叶面喷洒，4天后叶秆小孔裂痕愈合，大孔内缘修复，光秆生长出新枝叶，既获得了冰雹胁迫作用，又防止了病毒，真、细菌病从伤口侵入，果实丰满漂亮，含糖度提高1.5～2度，产量较对照提高35%左右。

（8）光碳胁迫　植物生长的三大要素是阳光、空气中的二氧化碳和水，生长过程中的三大营养元素是碳、氢、氧，作物喷上光碳核捕集剂，其中的微藻、酵母糖、吸水吸附剂等，就能在作物体周围造成一个较高二氧化碳浓度气场，含量由温室中午内的60～100毫克/千克，室外的330～380毫克/千克，提高到550～700毫克/千克，作物高产饱和浓度为1200毫克/千克。加之营养主要素来源空气中，相对土壤中重金属等吸收率减少，使产品纤维化的氯离子降低，产品自然脆嫩适口。

三、根际生物有机质环境及根系直接吸收营养的理论与实践（地下）

日本比嘉照夫教授在1991年著《农用与环保微生物》一书中说：应用生物技术"发现不少（较化学技术）是平均产量的2～3倍"，原因是"有益菌能将有机物利用率由在杂菌环境中的20%～24%，提高到100%～200%"，"且生物有机肥能将无机氮有机化"。

在全国所有省市，不同作物按优良品种+有机肥+益生菌+天然钾+植物诱导剂等生物集成技术种植，不需化肥与农药，产量较化学技术高出0.5～2倍，产品符合国际有机食品标准要求，现列举3个例子。

（1）李先章用生物技术黄瓜667平方米产3万千克　山东省烟台市李先章（15589618399），2008年开始按牛粪+生物菌肥+钾等生物集成技术栽培温室黄瓜，品种为烟台硕丰9号，667平方米栽3000株，基施牛粪14方，固体生物有机肥150千克，或一生用微乐士生物菌液15千克，施50%硫酸钾25千克，之后随水隔一次冲入含钾40%的液体肥15千克，秧蔓有疯长现象时喷一次800倍液植物诱导剂；有轻度病虫害时叶面喷一次植物修复素1粒拌微乐士生物菌液50～100克，兑水15千克。连续5年来667平方米一茬产瓜均在2.5万千克左右。

（2）张振宝用生物技术栽培增产1倍　2012年山西省新绛县西

王村张振宝（13935975627），在自家生长期26年树龄的红富士苹果田，已有1/3的树染流胶病而枯死，667平方米现存33株左右，开春树发芽前，667平方米条施生物有机肥200千克，施玉米干秸秆每株50千克，结果期667平方米施生物菌液2千克，收获一级商品果1.98万千克，合667平方米产5000千克，较过去用化肥、农药667平方米产1500～2500千克增产1倍多。

（3）段国锁用生物技术远志（中药材）增产1.79倍

山西省新绛县东尉段国锁（13653632625），2009年在南垣纯旱地麦茬行间播种中药材"远志"2000平方米，邻地其他种植户同样同时播种3300平方米，段国锁用碳素有机肥+微乐士生物菌液+赛众28钾硅调理肥（含钾8%，硅42%等36种中微量元素），2011年秋季收购时，段国锁667平方米产籽8.3千克，产远志药材182.3千克，而临地用化学技术产籽3.8千克，产远志药材65.3千克，用生物集成技术分别增产1.1倍和1.79倍。

四、生物集成技术抑制病虫草害，不施化肥、农药，产品优质的理论与实践

中国农科院研究员刘立新论述：土壤中有了充足的碳素有机肥、益生菌和赛众28矿物营养肥，土壤团粒呈结构良好型，含水充足型、抗逆型，含控制病虫害物质型。其中的分解物黄酮、氢肟酸类、皂苷、酚类、有机酸等有杀杂菌作用；分解产生的胡桃酸、香豆素、羟基肟酸，能杀死杂草；其产物中有葫芦素、卤化萜、生物碱、非蛋白氨基酸、生氰糖苷、环聚肽等物，具有对虫害的抑制和毒死作用。微乐士复合菌中含有淡紫青霉菌，可分解根结线虫。

日本比嘉照夫1993年著《有效微生物群在拯救地球》一书代序中论述："在土壤里，再生型微生物占优势的地方，植物就以惊人的速度成长，既不生病也不遭虫害，由于完全不施农药和化肥，所以土壤就越来越好。相反如果是崩溃微生物支配着的土地，植物就瘦弱又爱生病，害虫群聚，不靠农药、化肥就无法维持生长。当今日本有九成是腐败型的，趋向崩溃方向。"

在中国2013年的现实中，特别在经济作物上，化学农业使土壤在恶化，产量急剧下降，产品严重污染，与生物集成技术形成明显反差，产量可达1∶1～6之多，化学农业一方面是土壤营养可利用率低1半左右，另一方面是产品营养成分含量下降。

2013年解放军某部五十五所农场（北京市）负责人胡锐（15810468896），按牛粪（每667平方米13方）+生物菌液+赛众28钾硅调理肥种植辣椒、西红柿、荷兰豆、西瓜、生菜、芥兰等多种蔬菜，不用化肥不打化学农药，除黄瓜有轻度霜霉病外，其他作物均无病虫危害，长势鲜嫩漂亮，产品供军干，每千克较市场价高出3倍，如2013年6月26日下午，西红柿市场价4元/千克，供应价为16元/千克。

湖南省常德市范家湾村吴卫支（15202367248），2010年在菜田施微乐士益生菌或微乐士生物菌液，田螺、蜻蜓、虻蜂等害虫基本全死掉，虫害得到控制，蔬菜产量高，品质好，收入比他人提高0.8～1倍。

内蒙古赤峰市孔凡业（13171364917），2003年在该市推广应用生物技术种植西红柿，667平方米用牛粪20方+植物诱导剂50克+微乐士生物菌液分3次8千克+51%天然硫酸钾分4次100千克。到6月份，6层果667平方米产1万～1.5万千克，一级果达95%左右，口感很好，经内蒙古万野食品有限公司赵华检测，西红柿果固形物达5.3%，较化学技术果3.97%增加25%；番茄红素达7.75%，较化学技术果3.97%，提高75.33%。因该区过去施化肥多，土壤含硝酸盐浓酸严重超标，化学技术产西红柿染溃疡病达30%以上，而生物技术产果多为无染病者。

根据国外的试验化验结果，列举3项有关生物技术与化学技术的产品质量情况：

（1）胡萝卜　生物技术产品含水量89.2%～90.1%，较化学技术的90.5%，降低0.3%～1.3%，也就是说生物技术产品固形物提高0.3%～1.3%，糖类增加0.6～1.2克/100克，胡萝卜素增加1000～2100毫克，维生素A增加800～1000毫克；产量提高0.5～1.1倍。

（2）花生　生物技术产品含水量与对照相同；蛋白质含量达21.7～22.6克/100克，较对照21.6克，提高0.1～1克；脂肪达46～49.8克，较对照39.4克高出0.4～6.6克；维生素达1.42～1.83克，较对照0.68克提高1～2倍；小区试验产量达328～354千克，较对照200千克提高60%～70%。

（3）茶叶　生物技术产品维生素C含量达477.5毫克，较对照381.0毫克增加96.5毫克；较头茬茶叶平均含量317毫克，还多160.5毫克；涩味素由对照的4.33毫克降低到3.68毫克；苦味素由2.12毫克降低到1.92毫克；咖啡因由2.7毫克降低到2.46毫克。整体品质明显提高，产量增加0.5倍以上。

表1所示为2013年2月26日中国农科院微生物室博士孙建光到山西省新绛县农田考察时取土样化验报告。

从表1中可见：（1）用生物集成技术较化学技术有机质增加0.15～1.9倍，有效氮营养增加0.26～1.66倍，有效磷营养增加1.1倍左右，有效钾营养增加0.01～1.18倍；（2）用生物菌后土壤pH值偏酸0.3左右；钙、镁营养均增加0.1～1倍；固氮酶活物用化学技术的土壤检测为0，作物高产田固氮酶活物含量在450～1200，化学技术农田土壤用生物菌30天左右固氮酶活物就可达400～500。

表1 用生物集成技术和化学技术土壤营养状况和产量效果分析

种植户姓名与项目	产量效果	有机质 g/kg	碱解氮 mg/kg	有效磷 mg/kg	速效钾 mg/kg	pH	Ca (mg/kg)	Mg (mg/kg)	固氮酶活物 (nmol/kg鲜土d) 12h
北张镇北熱汾村宰代民用生物集成技术	上茬温室茄子亩产1.6万千克	39.16	132.61	203.00	863.25	6.47	330.00	73.20	937.43
北张镇北杜垌村光奎儿温室越冬西红柿用生物技术	在−15.9℃低温下未受严重冻害	23.30	80.85	133.80	442.10	6.85	480.00	97.60	624.95
北张镇北燕村段炎明温室西红柿	在−15.9℃低温下全部冻死	20.35	75.39	93.20	221.66	6.98	300.00	73.20	0
北张镇北燕村段龙春西红柿养生长期的棚(9车鸡粪、1000斤玉米、5菌剂移栽2月,长势好)	上茬西红柿4棚果亩产1.4万元,收入3.3万元	41.12	138.86	260.00	1471.22	6.99	280.00	158.60	1215.19
北张镇段炎龙室西红柿(根际土、有机肥、化肥农药杀菌剂井用、灰霉严重、毁秧、改种西葫芦)	栽西葫芦时每667平方米冲EM生物菌5千克	14.85	45.70	78.20	275.97	6.9	350.00	103.70	590.23
北张镇北燕村段龙、秸秆还田、小麦用EM地力旺菌剂拌种	小麦分蘖数3~9头	32.36	97.45	34.00	296.11	7.25	550.00	18.30	416.64
北张镇北燕村段龙春小麦未用EM生物菌拌种	小麦分蘖数1~4头	24.82	77.34	40.40	296.60	7.57	330.00	48.80	0
北张镇北杜垌村段永奎温室西红柿(根际土)	上茬西红柿4层果667平方米产1.32万千克	61.97	181.63	431.00	2071.05	6.43	1680.00	378.20	451.36
北杜垌村段富城温室西红柿(单用化肥和化学农药的根际土)	上茬667平方米产西红柿0.45万千克	21.87	68.16	205.60	951.35	6.77	820.00	164.70	0

第一章

有机农作物高产栽培操作标准

第一节 有机作物栽培技术条件

1. 范围

规定了有机作物茬口安排、品种选择、五大要素筹备、用量，栽培管理技术流程等主要指标，适合全国各地保护地及露地有机蔬菜栽培选择。本标准较过去地方常规化学农业技术，可降低成本30%～50%，增加产量50%至2倍（其中五大创新整合技术要素各节通用，只在西红柿部分详细介绍，其他部分不再赘述。设施介绍内容参见第三章设施介绍）。

2. 规范性引用文件

下列文件中的条款，只证明本技术相关认证及奖励时间、名称、奖励项目、网络广布情况等。

2008年12月30日，温室蔬菜创新增效和生产调控技术研究和示范，河南省科技成果。国家科技成果数据库分号·S625。

2009年12月2日，温室蔬菜创新增效和生产调控技术研究和示范，河南省人民政府科学技术进步二等奖，证书号2009—J—032—R10/10。

2010年12月10日，一种有机蔬菜田间栽培方法，中华人民共和国国家知识产权局，申请号CN201010581996·1。向世界公布号CN102138397A。2011年8月3日中国专利数据库（知网）。

3. 整合技术核心

昌鑫牌碳素有机肥＋微乐士生物菌液＋天然矿物钾或赛众28钾硅肥＋植物诱导剂＋植物修复素。

4. 主要性能指标

按上述技术，可在12个月左右生产，产品达国际有机食品标准要求，可通过有资质的认证公司认证。

5. 安全要求

五要素必须整合配套到位。

6. 环境要求

大气符合环境空气质量G133095—1996中二级标准和G29137标准规定要求。水质符合农田灌水GB5084标准规定。土壤符合土壤环境质量GB15618—1995中的二级标准要求。

此外，应掌握土、肥、水、种、密、气、光、温、菌、地上与地下、营养生长与生殖、设施等十二平衡管理技术，其具体内容参见第二章第五节。

第二节　有机西红柿田间栽培方法

一、茬口安排

用碳素有机肥＋微乐士生物菌液＋钾＋植物诱导剂＋植物修复素五大要素技术，在温室栽培西红柿，植株抗冻、抗热、抗虫、抗病，因素都考虑进去了，故随时都可下种。山西省新绛县多以一块地年生产两茬安排。周年主要安排四茬，即早春茬1～3月下种，5～6月结束；续越夏茬4～5月份育苗，9～10月份结束；续延秋茬7～9月份育苗，11月至翌年2月份结束；越冬茬11月下种，翌年2～4月结束，每茬667平方米都可产1万～2万千克，高者一年两作达3万～4万千克。同时达周年生产供应。

二、品种选择

用生物技术栽培西红柿，碳、钾元素充足，有益生物菌可平衡土壤和植物营养，打开植物次生代谢功能，能将品种种性充分表达出来，不论什么品种，在什么区域都比过去用化肥、化学农药，产量高，品质好，但就西红柿而言还是以色列、荷兰优良品种为佳，可对接国际市场。

一般情况，在一个区域就地生产销售，主要考虑所选地方市场习惯消费的、长形、大小、色泽、口感为准。

以色列飞天耐热抗旱、抗虫、抗TV病毒病、无限生长型、早熟、单果重180～240克、着色一致、果肩丰满、无皱无裂，适宜我国南方和中东国家人群消费，667平方米栽2200株左右。2010年在山西省新绛县南王马村种植，在当年的温干旱80%越夏栽培，因染

TV病毒病毁种的情况下，飞天品种全部丰收，667平方米产1万～1.4万千克，被美国沃尔玛公司认购。如果浇水过多，没有用植物诱导剂，节间过长，幼苗期和定植后用1～2次植物诱导剂800倍液，产量还可提高50%至1倍。

1. 欧冠

耐热抗旱，高抗TV病毒病，中早熟，植株生长势强，果实圆球型，单果重180～220克，硬度好，可溶性固形物多，果耐贮耐运，适合中东国家人消费，连续坐果率强，按生物菌＋有机肥＋钾＋植物诱导剂＋植物修复素栽培，667平方米栽2200株左右，可产1.5万～2万千克，适合早春、秋延后及越冬栽培。

2. 以色列斯特粉妮

植株生长旺盛，无限生长，早熟，深粉红果，单个重200～300克，果色艳丽，圆球型，适宜保护秋延后、越冬和早春栽培，按有机生物技术栽

培，667平方米栽2200株左右，一茬可产1.5万千克以上。以色列海泽拉种子公司培育（供种者13503574883）。

3. 金鹏11号

植株生长旺盛，果实粉红色，早熟果型扁圆，单果重200～350克，最大个1000～2000克，叶片较短，667平方米可栽2500～3000株，常规栽培留5～6穗果，生物技术抗根结线虫可留9～10穗果，可产1.5万～2万千克，西安市研制品种。（供种者13223699519）

4. 瑞士齐达利

植株生长旺盛，耐热抗旱，抗病，果实圆型，大红色，重200～300克，667平方米留2200株左右，用生物技术越冬、早春、越夏、延秋均可栽培。667平方米一茬可产2万千克，由瑞士先正达公司培育。（13100096511，赵小冬供种）

5. 荷兰百利

无限生长型品种，早熟，

生长旺盛，坐果率高，丰产性好。耐热性强，在高温、高湿下也能正常坐果，适合于早秋、早春日光温室和大棚越夏栽培。果实大红色，微扁圆形，中型果，单果重200克左右，色泽鲜艳，口味佳，正常栽培条件下无裂纹、无青皮现象。土壤有机肥达20%以上，以牛粪、稻壳与生物菌为主，滴灌保持空间干燥，起垄、脱老叶，留7～8穗果，每穗4～5果，一茬可产1.3万千克，一年两作可产2.6万千克。质地硬、耐运输，适合于出口和外运。抗烟草花叶病毒病、筋腐病、黄萎病和枯萎病。

6. 荷兰曼西娜

该品种早熟，植株健壮，果实红色、鲜亮，单果重35克左右，果穗排列整齐，每穗留果8～10个，可单果和整串采收。口味佳，适合春、秋保护地栽培。667平方米栽1800株，起垄定植，设滴灌，土壤中有机肥含量达20%以上（牛粪为佳，含碳增产，含小分子肽植株抗性强），配少量稻壳（含硅避虫），留7～8层果，667平方米产5000～8000千克左右。适合超市及宾馆选用。

7. 荷兰爱娜

2月份育苗，4月份定植，6月份始收，周年落蔓生长667平方米栽2800株，留7～8穗果，每穗着果14～15个，果重20～30克，可产1万千克以上。

8. 荷兰劳斯特

无限生长型，中熟，耐寒。果扁圆、大红色，平均单果重200～230克，果硬耐运，行距70～75厘米，株距45～50厘米，每穗4～5果，株留5～12穗，按生物技术667平方米产2万千克左右。

9. 日本红妃

无限生长型，双秆整枝，667平方米栽2000株。果实大红色向橘黄色，鲜艳，口感佳，宜鲜食。圆球型，含糖度高，整齐一致，单果重15克左右。按有机肥+微乐土生物菌液+钾+植物

诱导剂+植物修复素技术栽培，667平方米产可达5000～8000千克，并为有机食品。（厦门禾训种苗公司供种）

10. 日本黄妃

果实鲜黄色或橘黄色，丰满、圆球形、亮丽、口感佳，低酸味，糖度高，平均单果重15克左右，每穗结10～15果。按生物技术667平方米可产6000～10000千克。

11. 荷兰普罗旺斯

大红色，基因系统粉红果，连续坐果率强，果重250～300克，每穗留4～5果，一大茬栽培可留13穗果，667平方米栽2400株左右，平均单株产量15千克，用生物技术667平方米可产1.5万～2万千克，果实含固形物多，耐贮运，适合保护地早春、延秋及越冬栽培。

12. 荷兰鲜冠王

无限生长，果实大小均匀，单果重220～260克，高扁圆、大红色，坚实耐运，口味甜，品质佳。667平方米栽

2400～2800株，株距40～50厘米，行距60～80厘米，单秆整枝，可留8～13穗果，每穗4～5果，用生物技术667平方米可产1.5万～2万千克，适合各地各种茬口栽培。

13. 香蕉西红柿（黄、红）

果实长8厘米左右，直径2～3厘米，果型像小辣椒。每穗分3～4枝，每枝5～6果，每果10～15克，667平方米栽2400株，留6～8层果，产果6000千克左右，口感软面，甘甜，似香蕉味。

14. 以色列紫圣女西红柿

15. 黄橄榄西红柿

三、管理技术

1. 秸秆还田、起垄、管灌

不论干湿秸秆，粉碎与表层土壤结合，洒上微乐士生物菌液即可利用碳素物，又不怕地下生虫，避免作物生病。

起垄保持作物根系不被水泡沤根，保持土壤透气性良好。

滴灌节水，减少空气湿度，防止湿大植株徒长，诱根深扎，这样根系多果大，产量高。

2. 播种育苗

将碳素有机基质，装入营养钵内，或用牛粪拌风化煤或草碳拌做成基质，浇入生物菌液，每667平方米苗床用2千克，在幼苗期叶面喷一次1200倍液的植物诱导剂，即可保证根系无病发达，又可及早预防病毒病和真、细菌病害，使植株抗热、抗冻、抗虫。

将营养土装入营养钵。种子用55℃热水浸种，边倒水边搅拌，到30℃时浸泡3～4小时，捞出用干净沙布包住，放置20～30℃处催芽，有70%"露白"后，播入营养钵土中。营养土不施化肥和生鸡粪，浇灌微乐士生物菌1000倍液，上覆1.5厘米透气性好的沙细土，覆盖小棚塑料膜即可。

3. 幼苗喷植物诱导剂

在幼苗4～5叶时，取植物诱导剂粉50克，用500克开水冲开，放24～48小时，兑水60～75千克，叶面喷洒，控制秧苗徒长，提高秧苗抗热、抗冻

性，可从根本上解决病毒病的发生发展。

4. 徒长秧处理

叶面喷800～1200倍液的植物诱导剂控制秧蔓生长，即取50克原粉，用500克开水冲开，放24～56个小时，兑水50千克，在室温达20～25℃时叶面喷洒。不仅可控秧徒长，还可防止病毒、真、细菌病危害，提高叶面光合强度50%至4倍，增加根系数目70%以上。

5. 选苗整地栽秧

6. 合理稀植

有机西红柿栽培要保持田间通风，透光良好，行株距90厘米×40厘米，宽行1～1.2米，667平方米栽1800～2000株，两行一畦，畦边略高，秧苗栽在畦边高处。

7. 用植物诱导剂灌根

取植物诱导剂原粉，用开水冲开，放24～48个小时，按800倍液兑水，装入喷雾器，打足气，将喷雾旋盖打开，对准作物根部，每株放出20克左右药液，即可达到控秧促果，植株抗热、抗病、抗冻作用。

8. 平衡施肥

按667平方米产果实2万千克投物肥，干秸秆施4000～5000千克（含碳45%）每千克可供产果实5～7千克；或牛粪、鸡粪（含碳22%左右）各4000～5000千克，每千克可供产果实2.5～3千克，或干秸秆拌牛粪或鸡粪各3000～4000千克，为碳素满足。微乐士生物菌液2千克或生物有机肥200千克，分解有机肥中碳素等营养。在缺钾的土壤中基施25千克含量50%矿物钾、无机钾与生物有机肥结合酸根解掉，成为生物有机钾。

9. 伤根缓苗快

用营养钵育苗者，定植时将营养土冲掉，适当伤根1/3，阳畦育苗者，在定植前10～15天切方移位，适当伤根系，以打开植物次生代谢功能。适当伤根缓苗的西红柿苗根系生长快、抗逆性强、产品风味浓。

10. 适当深栽

西红柿茎自生根力强，即茎部可分生出4排根系，深栽根系总数多，植株营养调节能力强、抗逆性强，产量高。

刨穴深20厘米左右，将土埋至原苗圃时根茎迹上方2～3厘米，待缓苗后逐步将周围土覆盖至地平。

11. 覆盖地膜

保持地温和地下水分，控制空气湿度、抑制杂草。

12. 控秧吊蔓

采用植物诱导剂800倍液

或植物修复素每粒兑水15千克叶面喷洒；土壤表面及空气适度保持干燥；后半夜温度不要超过12℃等措施控秧，使株高在1.7米左右时，着有10～12穗果，每穗3～4果，重750克左右，667平方米栽2300～2400株，即每茬可产2万千克左右。另外在株高40厘米时，将吊绳下头拴在植株茎基部向上引蔓。

13. 滴灌浇水

西红柿田每行设一滴灌管，每株茎基部设一猫眼。在田间将碳素有机肥和微乐士生物菌液施足。叶面喷洒植物诱导剂，植株抗旱、抗冻、抗热的效果好。在结果期，通过灌管浇水一次施入微乐士生物菌液1千克，另一次施入50%天然硫酸钾24千克，空气湿度小，利于西红柿深扎根，授粉坐果和果实膨大，着色一致漂亮。

14. 喷花保果

在西红柿花有部分开放，多数为花蕾期时，按700倍液

微乐士生物菌液或硫酸锌，在花序上喷一下，使花蕾柱头伸长伸出，因柱头四周紧靠花粉囊，只要柱头伸长，即可授粉坐果，比用24-D抹花效果灵验多了。但有一个前提是，在苗期用过植物诱导剂者，根系发达，叶面光合强度大，植株不徒长。

15. 控秧留穗

一般大型果，每穗留4～5果；小型果留8～16果；在不考虑后茬定植的情况下，可留13～16穗果，用植物诱导剂800倍液或植物修复素，每粒兑水14千克，叶面喷洒，使茎叶间距保持在10～14厘米。

16. 疏花疏果

基施碳素肥充足，一茬目标产量在2万千克左右，可留9～14穗果，大型果（每颗在250克左右），每穗留4～6果，小型果（每颗果在150克以下），留6～16果。667平方米栽2000株以下，适当多留1～2穗；否则，少留果，有效商品果多而

丰满，并在结果期注重施矿物硫酸钾和微乐士生物菌液促果，果层与果层间距在5厘米左右为好。

17. 前期缺钾引起的秆弱凋蔓

按生物技术栽培西红柿，营养利用率高，作物生长势强，果实丰满产量高，1穗果实多达11个，重2.2千克。

对于前期缺钾引起的秆弱凋蔓，在施足有机基肥的情况下，667平方米施赛众28硅钾肥或50%天然硫酸钾20千克左右，保证了茎秆粗壮，能托起丰硕的果实。

18. 缺钾引起秆细果小

基施50%天然硫酸钾25千克，结果期每次浇水冲施20～25千克，按667平方米产茄果2.5万千克，共需施入钾250千克左右，并每施一次硫酸钾，冲施1次微乐士生物菌液，促进钾吸收利用。

19. 自然摧红

一是提高白天室温到30℃左右，使作物自身产生较多乙烯摧红。二是适当伤害下部叶片，摘掉老叶，打开植物次生代谢功能摧果红、膨果，增加果实原有风味。

20. 中耕松土

用锄疏松表土，在破板5厘米土缝后，可保持土壤水分，叫锄头底下有水；促进表土中有益菌活动，分解有机质肥，叫锄头底下有肥；保持土壤水分，减少水蒸气带走温度，叫锄头底下有温；适当伤根，可打开和促进作物次生代谢，提高植物免疫力和生长势，增产突出。

21. 打杈

幼苗在6叶一心前不打杈，促其地上与地下平衡生长，增加根系数量。着果初期及时摘掉腋芽，芽长不过寸，有利于营养向果实流移，促长深根，提高果实产量。

22. 整枝留果

一般植株生长到1.7～1.8米，可长5～6穗果，而667平方米要产2万千克，需留果9～13穗。那么，在3～5穗果间，留2～3个腋芽，每个腋芽长2～3穗果摘头，可重复留果穗，即可达到每株12～13穗果，又叫换头整枝。

23. 温度管理

白天室温控制在20～32℃，20℃以下不通风；前半夜17～18℃，覆盖草苫后20分钟测试温度，低于此温度早放草苫，高于此温度迟放草苫，后半夜9～11℃，过高通风降温，过低保护温度；昼夜温差18～20℃，利于积累营养，产量高，果实丰满。

24. 粪肥害死秧

667平方米施鸡粪、猪粪超10方，其中的氨气、甲醇、二甲醇等在高温和杂菌的作用下，使植物根系出现反渗透而脱水枯死，故这类粪需用微乐士生物菌液沤制15~20天；牛粪、秸秆可直接入田，冲入微乐士生物菌液1~2千克，不会出现死秧。

25. 保果防裂

高温期（高于35℃），或低温期（低于5℃）钙素移动性很差，易出现大脐果，如果在此时用24-D沾花，极易发生露子破皮裂果。

防治办法：叶面喷微乐士生物菌液300倍液加植物修复素（每粒兑水15千克）修复果面，或食母生片每15千克水放30粒，平衡植物体营养，供给钙素或过磷酸钙（含钙40%）泡米醋300倍浸出液，叶面喷洒补钙。

26. 僵秧处理

土壤内肥料充足，在杂菌的作用下，只能利用20%~24%，西红柿叶小、上卷，看上去僵硬，生长不良。

处理办法：在有机碳素充足的情况下，定植后第一次施微乐士生物菌液1千克，以后每次施0.5千克，可从空气中吸收氮和二氧化碳，分解有机肥中的其他元素，每隔一次施入50%的天然硫酸钾25千克，就能改变现状，取得高产优质西红柿。

27. 浇施生物菌毛细根生长快

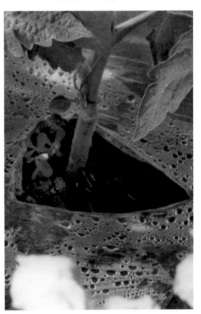

土壤浓度大于8000毫克/千克，温度高于37℃，土壤中杂

菌多，根系生长慢，667平方米冲施生物菌2千克，第二天就会长出粗壮的毛细根，植株会挺拔生长。下图为浇施微乐士生物菌液西红柿毛细根粗壮，生长快。

28. 积水引起死秧

西红柿根系易吸水、不耐涝，积水超过48小时，根系就会窒息衰败。因此，将秧定植在高垄上，选择干燥地块，增施透气性有机肥，如稻草、稻壳、牛粪、甘蔗渣等，及早冲入生物菌液，叶面喷植物诱导剂，提高根系质密度和抗逆及调节能力。

29. 虫害防治

①常用微乐士生物菌液，害虫沾着生物菌自身不能产生脱壳素会窒息死亡，并能解臭化卵；②用叶面喷洒植物修复素愈合伤口；③田间施含硅肥避虫，如稻壳灰、赛众28等；④室内挂黄板诱杀，棚南设防虫网；⑤用麦麸2.5千克，炒香，拌敌百虫、醋、糖各

500克，傍晚分几堆，下垫塑料膜，放在田间地头诱杀地下害虫。

30. 病害防治

①营养土中用微乐士生物菌液浇灌除氨气；②育苗钵不用化学肥料和鸡粪；③每次浇水，667平方米施微乐士生物菌液2千克。

31. 黄化曲叶病毒病防治

症状：生长点发黄，叶皱，发硬，根系不长或生长很慢，直至死秧毁种。

防治方法：①幼苗期发现根茎维管，叶面喷1200倍液的植物诱导剂，增强植物抗热性和根抗病毒病能力；②定植的667平方米冲施生物菌2千克，平衡营养，化虫；③注重施秸秆、牛粪，少量鸡粪，不施氮磷化肥；④叶面喷植物修复素或田间施赛众28肥，或稻壳肥，利用其中硅元素避虫；⑤选用以色列耐热耐肥抗病毒病品种；⑥挂黄板诱杀虫和防虫网；⑦遮阳降温防干旱。

32. 收购及包装标准

我国香港地区及中东国家收购标准：果形圆、丰满，含水量少，切开无滴水，大红色，带果萼，单果重150～220克。用蜡纸包裹，泡沫箱包装，预冷后外运。

33. 生理病症处理

下图为氮过多，缺碳、钾造成的画面果。

合理稀植，植株开展度大。

土壤浓度过大，遇高温根枯秆空。

用植物诱导剂灌根株壮节短花蕾饱满。

土壤浓度过大矮化不长，浇微乐士生物菌液1～3天新叶发黄，开始生长。

34. 用生物技术防治西红柿根结线虫效果好

根结线虫又称蔬菜癌症，是由于施生鸡粪等禽类肥和化肥过多引起的土壤恶化，造成的植株根系生理障碍，用化学农药防治根结线虫亩投资500～600元，维持时间只有2～3个月，而且会使土壤更为恶化。

用生物菌平衡土壤和植物营养，停施化肥和化学农药，注重施秸秆和牛粪，可改变作物根基环境。益生菌能抑制病菌，不仅能增强作物抗病性，使其不宜染病，而且投入成本低，产量高，还可使品质达有机食品要求。

2011年3月，陕西省植保学会新农药推广中心时春奎研究员，与惠浩浩、张永生等（029-87091781），在杨凌示范区李台乡西魏点村和北湾西村的黄瓜、番茄田试验，用生物菌（内含益生菌每克20亿，同时含专杀根结线虫的淡紫青霉素每克20亿）防治南方根结线虫；黄瓜品种为津春4号，番茄品种为金棚1号；定植前土壤喷入生物菌5000毫升兑水50升，根结线虫减退60.7%，防效达66.8%；定植时用生物菌液兑水50升沾根，根结线虫减退78.2%，防效达84.5%；定植后亩生物菌液4800毫升，兑水50升，茎叶上喷入，根结线虫减退89.9%，防效达93.9%。试验证明对黄瓜、番茄生长安全无不良影响。另外，施玉米粉20千克、麦麸10千克、谷糠30千克，混合后用生物菌剂或酵素菌有益微生物发酵的有机肥一次，主要是化解虫卵，效果也佳。

第三节　有机长椰菜田间栽培方法

1. 备肥

①按667平方米产8000千克投有机肥。干秸秆中含碳45%，鸡、牛粪中含碳20%，每千克干秸秆在生物菌的作用下，可产净菜（叶球）5～7千克，鸡、牛粪可产净菜2千克，那么需投入干秸秆1000千克（折合1000平方米地玉米秸秆）或鸡、牛粪2500千克，充分供应碳。以3种碳素肥结合为好。②有机肥施入田间后，667平方米冲施微乐士生物菌液1千克（合60元），或施50%的硫酸钾25千克，分解保护有机肥中养分，平衡土壤植物营养，防止病害；吸收空气中的氮和二氧化碳，提高营养供应范围，使害虫不能产生脱皮素而窒息死亡。转化有机肥中的氨气、甲醇等对植物根有伤害的毒物；使长纤维变成短纤维而不易生虫；能

使根系直接吸收利用碳、氢、氧、氮等营养，提高有机肥利用率3倍，产量也就提高1～3倍，并能化解和消除土壤残毒。③667平方米施含量50%左右的硫酸钾25千克（每100千克可供产净菜1.2万千克），在包球期再施25千克，2800千克有机肥中的钾可供产净菜3000克左右，也可667平方米施赛众28肥25～50千克（含钾8%～21%，使外叶和心内比由5：5拉大到3：7），增加叶片厚度及长椰菜的紧实度。④在长椰菜幼苗期叶面喷洒一次植物诱导剂，每袋50克，用500克开水冲开，放24～48小时，兑水60千克叶面喷洒，防止病毒及真细菌病害，提高植物抗热、抗旱能力，避虫，增加叶片光合强度，增根70%以上，控外叶促长心叶。

2. 整地

按大小行整地，即大行30厘米，小行25厘米，株距20～25厘米，667平方米留苗8000～8500株，起10厘米垄播种，以便排水，保持地面透气性，利于点播、出苗。小行18厘米，大行25～30厘米，株距18～25厘米，667平方米苗数9500～12500株。

3. 下种移栽

晋南露地春季在3月10日前育苗，覆盖地膜，支小拱棚，4月5日前定植；秋季在7月13～20日下种，8月10～18日移栽，温室栽培可迟3～7天，过晚包球不实。定植后，因土壤浓度大或根浅，发现个别行株苗小，用700倍液微乐士生物液浇灌，每株500克液，5～7天将苗赶齐。

4. 追肥浇水

不特别干旱不浇水，随浇水一次冲微乐士生物菌液1千克，一次冲硫酸钾5～10千克，氮磷等化肥不再追施。包心期喷洒1～2次植物修复素，愈合病虫害伤口，防止干烧边和麻点及软腐病发生。

5. 田间管理

麦田收获不能防火烧茬，应在小麦收获后翻耕，小麦秸秆与土壤充分混匀，667平方米浇施微乐士生物菌或微乐士生物菌液1～2千克。幼苗按大、中、小3级分开栽植，过小苗用生物菌1000倍液个别灌根，使之在5～7天内赶上大苗。

6. 香港收购标准

净菜高30～40厘米，每株重0.9千克以上，毛菜2千克以上，心叶无虫眼，无麻点，叶缘无干边，外叶片无腐烂，包球紧实，色泽淡绿嫩白。娃娃菜净重0.5千克，毛菜1.5千克以上。9月底至10月20日收获。贴出口合格标签。

7. 投入产出估算

秸秆还田或施鸡、牛粪2500千克150元，50%硫酸钾50千克200元，微乐士生物菌液3～4千克60～100元，植物诱导剂50克25元，合计435～475元，667平方米产8000株×0.5元=4000元，投入产出比为1：8～9，667平方米纯收入3565～3525元。

8. 典型事例

李长有先生两膜一苫拱棚种植日本绿箭长椰菜早春栽培667平方米产6000千克。

2009年，山西省新绛县桥东村李长有先生，按有机肥＋生物菌＋钾＋植物诱导剂技术，3月上旬下种，6月中旬采收，667平方米栽6000株，单棵净菜重750～900克，产菜6000千克以上，符合有机食品标准要求。

该品种非晚抽薹品种，避开低温种植，采取相应技术措施早春栽培，品质优良。香港黄清河有限公司供种。

第四节　有机西葫芦田间栽培方法

一、茬口安排

用此技术在温室栽培西葫芦，植株抗冻、抗热、抗虫、抗病，故随时都可下种。生态温室和大暖窖，便于生产西葫芦。冬至前后最低室内夜温在8～12℃，适宜西葫芦正常授粉生长，不易染病。春、秋一年两作选择两膜一苫、拱棚、专用温室，避开"三九"和"三暑"天生产。华北地区利用9、10、11月份和2、3、4、5月份光照和温差生产，效果尤佳。

二、品种选择

用生物技术栽培西葫芦，碳、钾元素充足，有益生物菌可平衡土壤和植物营养，打开植物次生代谢功能，能将品种种性充分表达出来，不论什么品种，在什么区域都比过去用化肥、化学农药，产量高、品质好。但就西葫芦而言，越冬西葫芦10月下旬～11月中旬播种（法拉丽、冬玉、寒玉品种），11月下旬至翌年4月上市，667平方米产1.5万千克；早春茬2月上中旬播种，3月中旬上市，5～6月份结束；延秋茬在8月播种，10～12月上市（长青1号、京葫、早青一代等品种）。早春茬667平方米产7000千克，收入0.7万～1万元。延秋茬667平方米产3500～5000千克，收入0.5万～0.6万元。用植物诱导剂灌根1次防徒长壮根；越冬茬在冻前浇生物菌液防冻害，促授粉；延秋茬在苗期浇1千克硫酸锌、保湿、杀虫、降温防病毒病。可对接国际市场。

一般情况，在一个区域就地生产销售，主要考虑选地方市场习惯消费的，长形、大小、色泽、口感为准。

在8米跨度鸟翼形生态温室内越冬栽培，667平方米施鸡粪、牛粪各10立方米，用有益生物菌分解熟化有机肥，用植物诱导剂蘸根1次，产瓜1.8万千克。

三、管理技术

1. 种子消毒

用55℃水浸种，高锰酸钾1500倍液或硫酸铜200倍液，浸泡种子杀灭杂菌。因种子均在腐败残体植株上采子，都携带病菌。无带病菌种子育苗。干种子可在73℃高温下热处理72小时灭菌，或浸水后在−15℃～−20℃冷冻11小时灭菌，抗病效果优异。营养土配制，每667平方米备25～30平方米苗床，施40%昌鑫牌碳素有机肥，或新烧

过的蜂窝煤炉渣，40%阳土，20%腐熟牛粪，2千克33%生物钾肥，500克生物菌液。深根多无病苗，因深根长果实，浅根长叶蔓，病害多在苗期潜伏，后期表现，勿用氮磷化肥和未腐熟肥。

2. 合理稀植

有机西葫芦栽培要保持田间通风，透光良好，行株距90厘米×90厘米，宽行1～1.2米，667平方米栽1200～2200株，两行一畦，畦边略高，秧苗栽在畦边高处。

3. 土壤

沙性土质增施质肥；黏性土质拌沙，深耕35～40厘米，改良盐渍化碱性土壤667平方米施石膏80千克，酸性土壤施石灰100千克，平衡酸碱度。土壤含氧量达19%，pH值6.5～8.2为宜，碱性土平畦栽培，酸性和中性土垄作。以沙壤土质为好。土壤浓度4000～6000毫克／千克。保水保肥，疏松透气。勿施肥过重，否则会使植株根

系反渗透脱水或缺氧染病。

4. 育苗

将碳素有机基质，装入营养钵内，或用牛粪拌风化煤或草碳拌做成基质，浇入生物菌液，每667平方米苗床用2千克，在幼苗期叶面喷一次1200倍液的植物诱导剂，即保证根系无病发达，又可及早预防病毒病和真、细菌病害，植株抗热、抗冻、抗虫。

5. 水分

苗期控水切方移位囤苗；定植后控水蹲苗，促扎深根；结果期浇小水，地面见干见湿，宜选用微喷灌，控水控湿控秧，防病促瓜。培育深根矮化秧苗。防止干旱冻害和积水缺氧沤根染病死秧。

6. 种子密度

667平方米栽纤手1100株，冬玉1600株，早青1800株，温室越冬宜稀植，早春、越夏宜稠些。疏枝疏叶，互不遮阳；不拥挤丛长，叶蔓不疯长，没有无效和枯叶。防稠植、株

旺、病多，果实产量低。

7. 温度

白天20～25℃，上半夜17～16℃，下半夜6～10℃。正常授粉受精，秧适中，瓜多而生长快。谨防温度过高徒长化瓜；温度过低秧僵化和冻害染病。

8. 气体

田间主施碳素肥在有益菌剂作用下产生二氧化碳。增产幅度30%～80%。防止氨气、二氧化硫、一氧化碳中毒染病。

9. 薄膜

越冬荐选用聚乙烯（浑江产）紫光膜，寒冷季节，透光保温性高，4月份前产量高；早春、延秋两作用聚乙烯绿和白色膜，节支适用。昼夜温差大，植株根深、蔓矮、果实大，增产幅度25%～30%。勿用高温聚氯乙稀膜在早春、延秋覆盖中温性西葫芦，以免灼伤叶片或徒长，并且不符合蔬菜用膜要求。

10. 光照

冬季擦膜，后墙挂膜反

光，吊灯补光；夏季棚面泼泥水挡光降温。西葫芦适宜光强度1万～4万勒克斯，晋南最高6～7月份在10万勒克斯。夏用遮阳网勿过度，以免蔓在弱光下徒长；光弱时要揭开补光，可增产34%左右。

11. 防病

叶面补锌、硅防治病毒病；施钾、硼防治真菌性病害；施喷铜、钙素防治细菌性病害；喷有益菌，分解平衡营养，以菌克菌。轻度病害用硫酸铜和肥皂各50克；中度病害用硫酸铜和碳铵各50克；重度病害用硫酸铜50克，生石灰40克，分开化，同时倒入溶器，兑水至14千克喷叶背，效果显著。配合缩短15～21℃温度时间、降湿、防干旱防治病害。补营养可防病抑菌，提高植物抗性。补元素勿过量，以免产生拮抗作用，或渗透性不好，效果差。生物剂与铜制剂勿混合。

12. 生态防虫

沤粪时施生物菌或中草药剂防虫，地下害虫使用按炒香的麦麸、敌百虫、糖、醋混合比为5：1：1：1的毒饵诱杀；地上害虫用灯光粘外围胶膜或气体熏杀、黄板诱杀。无虫、植物无伤即无病毒病。保护蚯蚓和害虫天敌，勿随水浇化学剧毒农药。

13. 喷花保果

在雌花蕾开放时，按700倍液生物菌，在雌花上喷一下，使瓜伸长垂直，因不授粉也能长瓜，且无子，在管理上将雄花及早摘掉，为减少营养浪费，增施碳钾肥，用生物菌分解供应。但有一个前提是，需在苗期用过植物诱导剂，方能使根系发达，叶面光合强度大，植株不徒长。

14. 中耕松土

用锄疏松表土，在破板5厘米土缝后，可保持土壤水分，叫锄头底下有水；促进表土中有益菌活动，分解有机质肥，叫锄头底下有肥；保持土壤水分，减少水蒸气带走温度，叫锄头底下有温；适当伤根，可打开和促进作物次生代谢，提高植物免疫力和生长势，增产突出。

15. 追肥管理

667平方米冲施矿物硫酸钾肥25千克或施牛粪2000～4000千克，生物菌2千克，50%天然硫酸钾25千克。钾肥和生物菌液交替冲入。

16. 修复弯瓜

高温期（高于35℃），或低温期（低于10℃）钙素移动性很差，易出现弯瓜，如果在此时用微乐土生物菌液500倍液在瓜弯凹处一摸，2～3天即可变直，也可套袋管理，长出的瓜大小一致。叶面喷生物菌300倍液加植物修复素（每粒兑水15千克）修复弯瓜，或食母生片每15千克水放30粒，平衡植物体营养，供给钙素或用过磷酸钙（含钙40%）泡米醋300倍浸出液，叶面喷洒补钙。

17. 徒长秧处理

叶面喷1000倍液的植物诱导剂控制秧蔓生长，即取50克原粉，用500克开水冲开，放24～56个小时，兑水50千克，在室温达20～25℃时叶面喷洒，不仅可控秧徒长，还可防止病毒、真、细菌病危害，提高叶面光合强度50%至4倍，增加根系数目70%以上。

18. 僵秧处理

土壤内肥料充足，在杂菌的作用下，只能利用20%～24%，瓜叶小、上卷，看上去僵硬，生长不良。

处理办法：在碳素有机充足的情况下，定植后第一次施生物菌2千克，以后每次1千克，可从空气中吸收氮和二氧化碳，分解有机肥中的其他元素，每隔一次施入50%的天然硫酸钾25千克，就能改变现状，取得高产优质瓜。

19. 浇施生物菌毛细根生长快

土壤浓度大于8000毫克/千克，温度高于37℃，土壤中杂菌多，根系生长慢，667平方米冲施生物菌液2千克，第2天就会长出粗壮的毛细根，植株会挺拔生长。

20. 虫害防治

①常用生物菌，害虫沾着生物菌自身不能产生脱壳素会窒息死亡，并能解臭化卵；②用叶面喷洒植物修复素愈合伤口；③田间施含硅肥避虫，如稻壳灰、赛众28硅肥等；④室内挂黄板诱杀，棚南设防虫网；⑤用麦麸2.5千克，炒香，拌敌百虫、醋、糖各500克，傍晚分几堆，下填塑料膜，放在田间地头诱杀地下害虫。

21. 死秧防治

①营养土中用生物菌浇灌除氨气；②育苗钵不用化学肥料和鸡粪；③发现此病，667平方米施生物菌液2千克。

22. 防止病害

细菌性病，用硫酸铜配碳酸氢铵300倍液叶面喷洒；同时用微乐士生物菌300倍液配1粒植物修复素预防，在管理上注意以下6条措施：①幼苗期叶面喷1200倍液的植物诱导剂，增强植物抗热性和根抗病毒能力；②定植的667平方米冲施微乐土等生物菌液2千克，平衡营养，化虫；③注重施秸秆、牛粪，少量鸡粪，不施氮磷化肥；④选用耐低温弱光、耐热耐肥抗病品种；⑤挂黄板诱杀虫和防虫网；⑥遮阳降温防干旱。

23. 收购标准

无创伤、无虫眼、皮色绿亮，果长25～30厘米，留花，直径5～7厘米，单果重300～350克。

24. 应用实例

(1) 山东省平原县坊子乡张仁村王义明，2007年9月下种，10月嫁接，选用法国"冬玉"品种。667平方米温室内栽2200株，田内施玉米秸秆3300千克（667平方米地的秸秆），牛粪4000千克，羊粪1万千克，微乐土等生物菌液30千克（每次用1～2千克），植物诱导剂800倍液灌根一次，每15～20天叶面喷一次植物修复素，总投资1800余元，到2008年6月3日，秧子还绿壮，只是西葫芦瓜价每千克下降到0.4元，1000平方米产瓜2.3万千克，收入4.2万余元。

（2）辽宁省锦州市义县城关镇乡头沟村夏国石，2008年12月下种，选用法国凯沙西葫芦品种，667平方米施牛粪7000千克，50%硫酸钾70千克，生物菌液15千克，植物诱导剂50克，产瓜1.8万千克，因设施落后，上市延迟收入1.8万元，平均每千克1元。

（3）山西省新绛县王守村吴国强，2012年种植凯拉西葫芦，用生物技术667平方米产瓜1.5万千克，生长中不用化肥和化学农药，产品达有机食品生产标准要求。

第五节　有机莲菜田间栽培方法

一、栽培模式

目前我国莲菜栽培模式：①长江流域及湖北武汉以南为主的水田莲藕，瓜少而短，用传统技术种植的红莲藕品种，667平方米产1500千克左右。②以黄河及汾河流域两岸冲积土为模式的泥田莲藕，传统做法种植白莲藕667平方米产2000千克左右。③近年来各地在壤土地上挖池，用砖、水泥构固的藕池或者用无缝布、铝泊纸垫底铺的藕池，靠地下井水灌浇栽培的莲菜，667平方米产藕2000～3000千克。而用生物技术，同样的基础条件，产量可达4000～6000千克。

二、品种选择

绛州白莲藕纯白花或个别花瓣缘为淡粉色。一般化学技术每根藕长4节左右。667平方米产2000千克左右。而用生物技术每根藕可长7～8节瓜，产4000～6000千克。

绛州莲藕可追溯到1500年前的隋朝，花和莲子少，每株1花为多。叶大80～90厘米，柄高1.8～2.1米，主藕用传统技术长4～5节，用生物技术可长7～8节，瓜长15～20厘米，粗9～12厘米，气孔0.3～0.6厘米左右，总长120厘米以上，肉厚1～1.2厘米，把长40～60厘米，共11眼，藕芽为紫红色，成藕皮为白黄色，有自然小斑点，去皮肉为乳白色。藕头生食脆甘，莲藕油炸食脆香，炒食内脆外滑，水焯食感清脆，无纤维感，蒸煮食软绵拉丝。入泥30厘米，中晚熟，8月下旬充分成熟。这时藕食感硬，待霜降后，叶片冻枯，叶秆钾充分转移到藕瓜上，藕丰满，淀粉转变成多糖、味变甜。为历代进贡特产，有河东名诗中"绛州藕莲打路宽"之

美誉，至今为国家领导人每月常见佳菜。

三、管理技术

1. 藕种准备

选用整藕带子藕芽作种为好，4月上旬从上年生产田带少量泥挖起，无大损伤，不带病，随挖随栽，保持新鲜，室内或途中保存不超10天，667平方米种藕450千克。保证种藕不脱水，选上年长势旺的地域留种，以达健壮、优良繁衍之效。有黄褐色藕心地域藕不能留种。

2. 藕池准备

选择有纯净泉水和河水两岸，进排水方便的地块，pH值6.5～8，偏碱土壤施石膏80千克，偏酸土壤施生石灰100千克，藕地以方形或生长形为宜，面积以每池150～300平方米为度，堰底宽80厘米，顶宽50厘米，高66厘米，踏实，池与池之间可自然流水。池面整平，可存10～40厘米深水，亦

可放完积水。

3. 施足有机碳素肥

按667平方米产6000千克投肥，需施鸡、牛粪各2000～2400千克，每千克含水或杂质50%，含碳22%左右，可供产藕2.5千克，总含碳量可供产藕5000～6000千克；或者用每千克45%干玉米秸秆，按产5千克莲藕投入，需施1000千克左右，加鸡粪1000千克，可满足667平方米产藕6000千克的碳需求，因土壤中要滞留30%左右缓冲有机碳素肥，尚需增施鸡、牛粪1000千克，或干秸秆300千克左右，为碳供应满足。

第一年新开藕池，将玉米秸秆或肥施入池内，约厚15厘米，鸡粪需提前15天沤制发酵，用微乐士等生物菌液喷洒即可。有机肥上覆盖3～5厘米厚土。第2年之后，在挖藕前将秸秆等粪肥撒在地面，在挖藕翻土时，将粪肥埋在耕作层5～10厘米以下。

4. 施钾肥

在定植时，667平方米施入赛众28钾硅调理肥25～75千克；在开花期分两次冲入50%天然矿物钾50～60千克，按每千克产藕80千克投入，为钾投入满足。

5. 整地挖穴

地要整平，以免深处积水多、地凉；浅处着生杂草，浪费阳光和营养。按穴长1米，宽0.6米，深15～17厘米，行穴梅花窝，边行藕头朝池内，距埝2米远，667平方米挖100穴左右。

6. 备种栽植

667平方米种藕350～500千克，每穴施整条种藕一根或前3节藕1.5～2根，有子藕芽12～15个，种藕头朝下，30°斜放穴内，后把外露少许。种藕入穴一正一反摆放，周围施生物有机肥，667平方米昌鑫牌生物有机肥80～160千克，或施入玉米秸秆，用微乐士生物菌液喷洒后，覆土20厘米左右，一般种藕藕头可分生3条子藕，2～3节处着生一条子藕，第3～4节处可着生2～3条子藕，第5～6

节可着生3～4条子藕,即用生物技术每个种藕可长成10～15根子藕,每根子藕重3.5～6千克(包括孙藕),重40～60千克,用生物技术667平方米可产5000～6000千克。

7. 浇水

定植后浇水15厘米深,中后期保持30～40厘米水深。若用井水,抽出来最好晒2～3日后再浇入藕田,以防温度过低,使种藕受惊,生长变慢。生长期勿大换水,保持微小流动,雨后及时排水至原位。

8. 追肥

在基肥施足的情况下,栽后随浇定植水667平方米冲入每克含益生菌20亿的微乐士等生物菌液2千克。7月上旬待开花初期冲入50%天然矿物钾25～30千克,7月下旬藕瓜膨大期再冲入20～30千克,中间可冲入生物菌液1～2次,每次2千克,提高有机肥的利用率,防治病虫害,用生物技术管理莲藕,一般不必换土倒茬,不存在土传

病问题。

9. 控秧促瓜

用植物诱导剂800倍液或植物修复素每粒兑水15千克,加入少许洗衣粉作黏着剂,在早期叶面喷洒,提高荷叶光合作用能力,控荷叶过大、茎秆过高,使营养向地下藕瓜内转移。

10. 适当伤叶

在生长中后期,用方便办法打击叶片,使莲叶上造成少量创伤,从而打开植物次生代谢功能,使在作物体内循环,而没有合成有机物的矿物营养,减少回流到根系部,提高营养合成速率,即提高产量和品质。

11. 整头

下种15天后,走茎要定向发育,发现走茎向地堰生长,轻轻将其生长点弯移至池内稀疏处,走茎头与幼藕露土要及时用泥土埋住。

12. 采收保管运贮

挖前浇一水,待泥土疏而不流时,顺地埂挖一深40厘米

的壕，依藕把创开围泥抽挖。用手将藕把抓紧，把泥从把至头摸下，形成一薄泥层护藕，无铣伤带把连头起出。备长圆型藕篓，将藕头朝下倾斜45°放入篓内，用被子盖好防冻或防脱水，放入地下窖，喷洒100～200倍液每克含量20亿个菌的微乐士等生物菌液，分级用纸包装，装纸箱运出销售。不受冻、不受热防腐烂变质。禁止用有毒塑料袋包装。

13. 投入产出概算

预定藕种450千克1800元；生物菌有机肥80～160千克160～320元，或微乐士生物菌液5千克125～150元；牛鸡粪1000千克或皮渣子200千克70元，人粪尿2000千克130元，干秸秆2000千克或牛粪4000千克200元，土地费400元，浇水350元，用工600元，硼、钾肥180元，再施入适量的植物诱导剂和修复素，合计投入4000多元。

667平方米产莲藕5000千克，2011年新绛县蔬菜批发市场8～11月份最低价每千克3.2元，2012年元月最高价每千克6元，平均价4元，产值2万元，投入产出比大约为1∶5，纯利1.6万元。20世纪末绛州盐渍莲菜就行销日本，2003年华联超市盐渍莲菜片每100克20元。

14. 应用实例

（1）2005年，山东省费县藕田内5～10厘米深处，施10～15厘米段长的玉米秸秆15厘米厚，用益生菌分解，350公顷面积平均667平方米产藕4923千克。

（2）山东省平邑县种藕户武京玲与崔风美合作，选用白莲藕品种，橡胶布填底保水（667平方米用物3000元），生物发酵有机肥（秸秆、鸡粪、土各1/3，厚15厘米），每穴放种藕10千克左右，约4～5枚，藕头向四方摆，667平方米栽260穴，保持浅水，控秆勿过高，到10～12月采收，一株产藕25～30千克，667平方米合产6500千克，每千克售价10元左

右，收入 6.5 万余元。（据 2012 年 3 月 22 日中央电视台报道）

（3）山西省新绛县桥东村王文杰，2012 年用生物技术，在汾河沙滩地种植 70 公顷白莲藕。即有机肥＋生物菌液＋钾＋植物诱导剂，667 平方米产藕 4000 千克，有些每根藕长瓜 7 个，重 6 千克。产品供应北京中农信达和澳门森江食品公司。

第六节 有机山药田间栽培方法

一、品种选择

山药按形状分柱形长山药、手掌形扁山药和脚板形块山药；按肉质色泽分白山药、浅黄山药和深紫山药。

新绛长山药是山西省新绛县桥东村农民陈平安栽培的优良传统优质产品，它是毛山药和其他山药的变异种。经过长期对比提纯复壮，选育出来的优质高产地方品种。近年来，该村侯全官、侯新官等农民用生物技术栽培该品种，667 平方米栽 3500 株，产山药 5000 千克左右。该品种为国际性药食兼用地下块茎蔬菜。近年来用生物技术栽培，使产量品质达到有机食品生产标准要求，并出口港澳地区。

新绛长山药食用块茎为圆柱状，外表呈黄褐色，有细密毛根，表皮薄、光滑，块茎肉质呈乳白色，易煮好熟，绵甜可口，每500克鲜山药中含蛋白质7.3毫克、钙69毫克、磷205毫克、铁1.5毫克，并含有多种矿物质、维生素和16种氨基酸等营养物质。特别是含有具有调整人体血压、降低血脂的成分，并含有抵抗肿瘤的皂苷即青春因子等对人体有益的营养成分。食用新绛长山药能健脾、养胃、补肺、固肾、益精、止泻痢，特别对中老年人因前列腺疾病引起的小便不利、过频、精神萎靡以及糖尿病等有一定辅助治疗作用。

2009年，河南省南阳市（社旗县）蔬菜研究所贾来栓（13938989591），到福建山脉间考察调研时，在山农手中发现了一种野生进化山药——薯形紫山药。该山药耐涝、耐热、耐旱、耐土壤瘠薄，叶较大，开花结籽，属无性繁殖，块茎外形像红薯，表皮不光滑，长15～25厘米，粗8～12厘米，刚出土时皮色为艳紫红色，放2～6月为紫褐色，肉为鲜紫色，食味绵滑，不甜，无渣、不脆。中老年食后浑身力劲，舒畅，尿路通，性冲动强故不可过多食用。

经化验，紫山药含硒、花青素、维生物E、副肾皮素、皂苷、黄药子素，这些物质较白山药丰富，能增强人体免疫力、抗衰老、抗氧化，食后耐饥饿性强，能预防和缓解高血压、高血糖、高血脂；防肠炎，补脑健智，明目聪耳，润便美容；清热，解毒；治温病发热、热毒血痢、痈疡、肿毒、瘰疬、痔漏。

紫山药也称"紫人参"，又名薯蓣和长芋，据本草纲目记载，"紫山药为地中之宝"。既是餐桌佳肴，又是保健药材，常食可增强人体抵抗力，降低血压、血糖、抗衰益寿等，有益于脾、肺、肾等功能，是很好的食材。紫山药性味甘平，中和，不热、不寒、不燥、不胀，青少年不宜多食，因可促性早熟；但体弱、患病青少年可食少量，以养病强体。

经过3年的栽培试验，667平方米投资400元左右，可产2000～4000千克，即匍地生长为1500～2000千克，搭架栽培产3500～4000千克。2011年按有机栽培法，匍伏栽培667平方米产3000千克，搭架栽培按667平方米产5000千克左右。

二、管理技术

1. 选地、施肥方案

以沙壤土或壤土为宜，土壤透气性好，pH值6.5～8，水地旱地均可生产。因为不许挖深沟，土层有0.5米以上都能栽培，但以深为佳，黏土产量较低。禁用鸡粪，按每千克牛粪在微乐士等生物菌液作用下产2千克山药投肥，大约667平方米施入3000～4000千克，多施入1000千克左右，做为土壤缓冲营养。施肥后冲入微乐士生物菌液2千克，分解有机肥，平衡土壤营养，消灭土壤杂菌，可以连作生产，生物菌能使有机肥利用率在自然杂菌条件下的20%～24%提高到100%，产量因而就能大幅度提高。基施50%矿物天然硫酸钾25千克，按100千克产山药8000千克投入。生物有机肥底肥要一次施足。

2. 打沟

长山药土壤要选择肥沃、疏松、排灌方便的沙壤土或壤土，冬春农闲季节按行距80～120厘米大小行，采用机械打沟法疏松土壤，沟深1.3～1.5米。

3. 种植时间

根据气候条件，长山药一般地表5～10厘米地温稳定在10℃左右时，即可下种。首先应采用生物菌液（1∶50倍），浸泡种头30分钟，捞出晾干即可种植。种植的方法：在机械打沟的垄中央开沟8～10厘米深，将种头以18～20厘米株距，纵向平放在沟中，然后覆土10厘米左右，每667平方米地种植3500～4000株左右。

4. 切块、浸种、催芽

将山药块上端按40克，中端按50克，下端按60克一块切开，不考虑芽眼，只考虑留表皮，因芽在表皮和肉中间部位萌生。切后用500倍液的生物菌浸泡一下消毒，再用草灰拌种，稍晾后，堆起催芽。

将山药块码30厘米高左右，下铺、上覆3～4厘米湿土，环境保持湿润，湿度达45%～65%，温度在20～30℃，15～20天出芽，待芽有玉米粒大时播种，667平方米用种块150千克。

5. 浇水

长山药是一种耐旱作物，由于山药叶片角质层较厚，抗蒸腾较强，一般在机械打沟前20～30天泡一次透水（也叫底墒水），到出苗达到70%左右浇一次浅水，水量不要大，防止塌沟，以后根据降雨情况，酌情浇水，遇大降雨，应及时排涝。

6. 整地、定植、管理

紫山药一块种留芽2～4个，生产商品山药将多余小芽拌掉，每颗山药长0.5～1千克，每块种可长2千克左右，大的可长4千克。按行距90～100厘米，株距33～40厘米，匍地栽培宜稀植，搭架管理宜稠些，667平方米栽2000～2200株，栽后秧苗长到30～50厘米高时，按800倍液植物诱导剂灌一次山药块茎根部，即取原粉50克，用500克开水冲开，放24～48个小时，兑水40千克，植物根部沾上液为准。提高植物抗热、抗冻、抗病、抗逆性，叶片光合强度增加50%至4倍，根系增加70%以上，控制叶茎徒长。

紫山药生长期共150～180天，从栽苗到出芽25～30天，子叶甩蔓期即7月上旬以前靠种块母体营养生长。之后，母体干皱，幼苗靠土壤营养生长，此期以浇微乐士等生物菌液为主，促叶茎茂盛，防块茎染病。块茎膨大期为45天，即9月上旬～10月25日，再冲入50%矿物硫酸钾25～30千克。虽然钾肥冲入3天见效，但以稍早几日投入为好，过早茎秆过粗，叶厚；过迟利用率低，均不利于高产。结茎中后期，叶面上再喷一次植物诱导剂600倍液或植物修复素（每粒兑水15千克）控叶，打破顶端生长优势，激活叶片沉睡细胞，让叶片营养向下部块茎转移，提高产量。

7. 搭架、理蔓

长山药出苗后，蔓子上架时，要即时理蔓，使山药茎蔓均匀盘架。架杆一般选用2.5米左右的小竹竿为好，支架应高、稳，以利于山药蔓通风、透光和农事操作。山药一般不需要整枝，发现零余子生长过多，可适当摘除，否则会影响地下块茎膨大。用植物制剂黎芦碱+苦参碱防治多种害虫。

8. 中耕、除草、叶面喷肥

长山药出苗生长很快，中耕除草要早期进行，中耕要浅，只将表面土壤疏松。叶面喷肥可防止山药生长后期脱肥、早衰。一般在叶片茎长出1米左右时，喷一次植物诱导剂600倍液或植物修复素后，间隔7～10天叶面喷肥，山药生长期内，连续喷施3～4次。

9. 刨收

长山药块茎一般在"霜降"后茎叶枯黄为好，应减少破损，提高商品性，达到丰产丰收的目的，新绛长山药块茎长80～100厘米，直径粗3～6厘米，单株重1～2千克，平均667平方米产3000～4000千克，一般中等肥力条件下，收益万元以上。

10. 投入产出概算

有机栽培667平方米施牛粪8方150元，50%矿物钾50千克200元，植物诱导剂50克25元，生物菌5千克125元，植物修复素5粒25元，合计525元，产山药

4200千克，2010年每千克紫山药价达40元，效益十分可观。

11. 应用实例

（1）山西省新绛县桥东村赵宝奎等农民用生物技术栽培山药，667平方米栽3500株，产4400千克左右，产量品质达到有机食品生产标准要求，并出口港澳地区。

（2）2011年，河南省南阳市（社旗县）蔬菜研究所贾来栓用生物技术栽培紫山药667平方米产4200千克，使产量品质达到有机食品生产标准要求，并出口港澳地区。

第七节　有机小麦田间栽培方法

本节主要介绍有机小麦田间栽培方法，水稻可参考此法栽培。

一、品种选择

品种为超大穗小麦：①超级小麦"2-7"；②超级小麦"矮6"；③超高产小麦"良星66"；④超高产小麦"烟花5185"；⑤超高产小麦"鲁源502"；⑥超高产优质耐旱小麦"1028"；⑦超高产耐旱小麦"衡观136"。每穗成粒达90～110粒，667平方米株数达40万，品质优良，白粉；每2000平方米种子用植物诱导剂50克，用500克开水冲开，放1～2天，兑水40千克拌种或浸种3～5小时播种。用菌剂拌

种，每667平方米种子用菌剂100克拌种，拌匀即可播种，种衣剂应洗掉。用菌剂拌种和植物诱导剂各50毫升联合拌种（现拌现用，两种液体不得提前混合），种衣剂应洗掉。

山西十年九旱，2011年运城市有小麦517万亩，平均亩产（667平方米产）280.68千克（据《运城日报》2012年5月29日）。

2010年5月16日，本书作者之一马新立与中国超级小麦、玉米山西联合试验站站长陈德喜共同研究制定了《有机小麦、玉米一年两熟667平方米产2000千克粮食超高产联事协作攻关实施技术方案》。两年来，把生物有机"五要素"技术溶于有机小麦生产中，广结硕果，得到了全国各地农民朋友的响应。

二、管理技术

1. 光照

太阳照到地面的光利用率超过1%，瞬间大于6%～7%，在晋、冀、鲁、豫南部小麦、玉米生产区，需用植物诱导剂拌种或苗期叶面按800倍液浓度喷洒，来提高光的利用率，太阳光能利用率可提高50%至4倍。同时能控制植株徒长，提高籽粒饱满度。

2. 播种

选用"良星66"和"矮早8号"品种，2000年10月25日下种，用微乐士生物菌液原液拌种，每千克原液拌种50千克，采用复播法，即先按13千克播入，再在播种沟内重播7千克，这样种子在田间分布均匀，土壤面积利用率高。出苗15天浇冬水，大约11月初。清明前后，小麦在15厘米左右高时，叶上喷1800倍液的植物诱导剂一次，667平方米用原粉20克左右，用200克开水冲开，放1～2天，兑水20千克，5月14日叶面上再喷一次植物修复素，667平方米用1粒，兑水15千克，加入磷酸二氢钾50克，避虫防病，控秧、营养向籽粒转移。

667平方米成穗达45万头，每穗平均54粒，较对照42粒多35%，麦秆粗达3.5毫米，较对照1.5毫米粗1倍多，叶色浓绿，长势强，后劲足。6月18日收获，在当年严重干旱的情况下，667平方米产量达600千克。

3. 追肥浇水

不特别干旱不浇水，灌浆期随浇水一次冲微乐士等生物菌液1千克，一次冲硫酸钾25千克，氮磷等化肥不再追施。喷洒1～2次植物修复素，愈合病虫害伤口。

4. 田间管理

含量50%天然矿物钾100千克可供产干籽粒1660千克。土壤含钾量低于220毫克/千克，在扬花至灌浆期酌情667平方米冲入含量50%的天然矿物钾30～50千克。

在作物拔节初期，叶面喷洒一次植物诱导剂800倍液，即取原粉50克，用500克开水冲开，放1～2天，兑水40千克叶面喷洒。促根，增加分蘖数，控秧徒长，使作物抗旱、抗热、抗冻，提高叶面光合强度50%至4倍。

在灌浆期至成粒间，取植物修复素1粒和微乐士生物菌液100克，兑水15千克叶面喷洒，控叶秆，促籽粒饱满度，防虫抑病。

麦田收获不能防火烧茬，应在小麦收获后翻耕，小麦秸秆与土壤充分混匀，667平方米浇施微乐士等生物菌液2千克。

5. 投入产出估算

667平方米产麦1000千克，合2000～4000元，667平方米按1000千克秸秆或牛、鸡粪各1000千克需投资50元，微乐士等生物菌液2千克50元，植物诱导剂50克25元，植物修复素6粒30元，硫酸钾66千克264元，总投入419元，投入产出比例1：5～10，利润1581～3581元。

6. 应用实例

（1）山西省侯马市乔村杨

西山，2010 年开始用生物技术种植小麦，2011 年 10 月 15 日下种，品种为兰考 2-7，667 平方米播子 10 千克，小麦返青期按 800 倍液植物诱导剂叶面喷洒一次，秸秆还田，施牛、鸡混合粪 500 千克，人粪尿 1000 千克，返青后冲施生物菌 2 千克，基施和扬花期各施 50% 矿物硫酸钾各 30 千克，2012 年 6 月 15 日收获，667 平方米 27 万头 × 平均穗 80 粒（大穗 108 粒，小穗 52 粒）× 千粒重 45

克 ×0.85 损耗系数 = 理论产量 826.2 千克，比周边用传统化学技术良星 66 品种产量 500 千克左右增产 300 千克（中国超级小麦山西实验站、新绛示范点站长陈德喜观摩测产）。

（2）山西省新绛县西王村张俊安，2011 年 10 月 25 日下种，选用济麦 22 品种，播前用生物菌液拌种，每千克液拌子 50 千克，其他用肥与对照一样，6 月 7 日收获。水浇地 667 平方米株数 40 万 × 穗粒数 42× 千粒重 40 克 ×0.85（损耗系数）=667 平方米产麦 571.2 千克，比对照株数 30 万、穗粒数 36、千粒重 38 克、产麦 349 千

克，增产 222 千克。旱地小麦 36 万株 × 穗粒数 40× 千粒重 32 克 ×0.85 损耗系数 =391 千克，较对照穗数 25 万、穗粒 40、千粒重 30 克、产麦 255 千克，增产 136 千克。

667平方米增加投入10元，增产小麦187～192元，投入产出达1：18.7～19.2。中国超级小麦山西试验站站长陈德喜核产。下图中左为用生物技术小麦，右为对照。

(3) 2011 年 10 月 10 日，山西省新绛县小李村有机小麦专业合作社董事长马怀柱 (13934386799)，选用河南良星 66 和矮早 8 号小麦品种，其中专业合作社社员马小光种植

的良星 66 小麦品种，667 平方米播籽 25 千克，采用双耧复播法，即第 1 次播量 15 千克，第 2 次重耧沟播 10 千克。用植物诱导剂拌种，即 50 克开水冲开，兑水 5 千克拌籽 25 ～ 50 千克，冬前和早春随水冲生物菌液 2 千克，扬花期冲 50% 硫酸钾 30 千克，玉米秸秆还田，施生物有机肥 80 千克，到 2012 年 6 月 30 日陈德喜（中国超级小麦山西实验站、新绛有机小麦示范基地站长）调查，用生物技术种植的小麦 667 平方米穗数 48 万头 × 平均每穗 36 粒 × 千粒重 45 克 ×0.85（损耗系数）= 660.96 千克，比邻地对照 250 ～ 300 千克，增产 1 ～ 1.2

倍。矮早8号用生物技术千粒重57.5克，育种标准为50克，增加7.5克；良星66用生物技术千粒重47.2克，育种介绍为45克，提高2.2克。

（4）山西省新绛县北燕村段春龙（15035444811），2012年10月15日小麦下种时，用昌鑫公司生物菌液每千克拌种50千克，基施赛众28钾硅调理肥25千克，2013年返青后，667

平方米叶面喷植物诱导剂（液体250克），兑水35千克，共浇2水，到6月8日收获，667平方米产630千克，较化学技术产360千克，增产75%。下图为新绛县科协主席蔡平在用生物技术种植的小麦田间调查核产。

（5）2012年6月6日，国务院《三农发展内参》办公室主任董文奖（右二）与中国农科院研究员刘立新（左一）在山西新绛县人大副主任、全国生态农业科技专家马新立（右一）、中国超级小麦山西联合试验新绛示范点站长陈德喜，在新绛县吉庄村张晋生田调查大

穗小麦品种用生物菌＋植物诱导剂等生物技术长势情况（蔺冠文摄）。

第八节　有机玉米田间栽培方法

一、品种选择

选用"君19"、"巡天2008"、"中地77"和"369"等长粒大穗形品种，每穗成排达18～22，667平方米株数达4000～5300，品质优良。每6千克种子取植物诱导剂50克，用500克开水冲开，放1～2天，兑水4千克拌种或浸种3～5小时播种。用微乐土等生物菌液拌种，每667平方米种子用微乐土等生物菌

液100克拌种，拌匀即可播种，种衣剂应洗掉。用菌剂拌种和植物诱导剂各50毫升联合拌种（现拌现用，两种液体不得提前混合），种衣剂应洗掉。

二、管理技术

1. 光照

太阳照到地面的光利用率超过1%，瞬间大于6%～7%，在晋、冀、鲁、豫南部小麦、玉米生产区，需用植物诱导剂拌种或苗期叶面按800倍液浓度喷洒，来提高光的利用率，太阳光能利用率可提高50%至4倍。同时能控制植株徒长，提高籽粒饱满度。

2. 播种

6月15日前下种，用生物菌原液拌种，每千克原液拌种50千克，在15厘米左右高时，叶上喷800倍液的植物诱导剂2次，每次667平方米用原粉20克左右，用200克开水冲开，放1～2天，兑水20千克，5月14日叶面上再喷一次植物修复素，

667平方米用1粒，兑水15千克，加入磷酸二氢钾50克，避虫防病，控秧、营养向籽粒转移。667平方米成穗达5000个，每穗平均产230～400克，叶色浓绿，长势强，后劲足。9月30日收获，667平方米产量达1000千克以上。

3. 追肥浇水

为了发挥生物有机菌肥繁殖增效作用，以保持土壤微生物多样性，每667平方米施生物有机菌肥20千克（内含有效活性菌2.0亿/克，有机质30%，中微量元素、土壤调理剂PAM、激酶、生物活性太，以及多种特殊矿物质元素等）；陕西赛众28特种有机肥25千克（内含抑虫硅元素42%，钾元素8%，镁元素3%；玉米3～5叶幼苗期、喷施微乐士等生物菌液+植物诱导剂+植物修复素混合兑水45千克，叶面喷洒一次即可。可防治玉米幼苗期由"灰飞虱"病虫口疫病毒引发的（粗缩病）（即小个子老汉病）和病源菌感染的"猝倒病"等病害（注：小麦苗期引发的"丛矮病"和抽穗后的"黄矮病"）。玉米喇叭口期用中科院绿色农业中心最新科技转化成果"玉米螟颗粒病毒"生物杀虫剂，防治玉米螟病虫害（即钻心虫），提高授粉结实率。注意不可缺水。灌浆期随浇水冲入微乐士等生物菌液1～2千克，另一次冲硫酸钾25千克。喷洒1～2次植物修复素，愈合病虫害伤口。

4. 田间管理

含量50%硫酸钾100千克可供产干籽粒1660千克。土壤含钾量低于220毫克/千克，要在扬花至灌浆期前酌情冲够硫酸钾。

在作物拔节初期，叶面喷洒一次植物诱导剂800倍液，即取原粉50克，用500克开水冲开，放1～2天，兑水40千克叶面喷洒。促根，增加分蘖数，控秧徒长，使作物抗旱、抗热、抗冻，提高叶面光合强度

50%至4倍。

在灌浆期至成粒间，取植物修复素1粒和微乐士等生物菌液100克，兑水15千克叶面喷洒，控叶秆，促籽粒饱满度，防虫抑病。

麦田收获不能防火烧茬，应在小麦收获后翻耕，小麦秸秆与土壤充分混匀，667平方米浇施微乐士等生物菌液1～2千克。

5. 投入产出估算

667平方米产玉米1000千克，合2000～4000元，667平方米按2000千克秸秆或牛、鸡粪各5000千克需投资250元，微乐士等生物菌液1～2千克50～60元，植物诱导剂50克25元，植物修复素6粒30元，硫酸钾66千克264元，总投入619元，投入产出比例1：3.2～6.5，利润1381～3381元。

6. 应用实例

（1）山西省新绛县阳王村王爱菊，2010年种植"晋玉53"号6670平方米，每667平方米

留苗4200株，随下种施入生物有机肥40千克，秸秆还田，生长中追施三元复混肥50千克，667平方米产达982千克，当年被评选为运城市高产典型。

（2）山西省新绛县北行庄村张更蛋用生物技术拌种，增产30%（一般化学技术产量600千克，生物技术667平方米产900千克以上）。山西省忻州市玉米研究所用生物技术，每穴双株留苗，667平方米产达1300千克。

（3）新疆奇台县王克选，2010—2012年，连续3年用生物有机肥＋植物诱导剂（每次取原粉25克按800倍液叶面喷洒，共喷洒2次）因当地土壤含钾量丰富，没有补充钾肥，667

平方米产均在 1200 千克左右。

（4）山西省新绛县吉庄村张金生，2012 年 10 月 10 日用生物技术种植的玉米田。下图为县委书记邓雁平在用手量玉米穗，长达 29 厘米，22 排，每排 48 ～ 50 粒，每穗粒数达 1000 左右，千粒重 380 克。667 平方米留苗 3300 株。

（5）甘肃省临洮县八里铺镇上街村王志晓，2009 年用生物技术种植玉米 667 平方米产达 1140 千克。选用豫玉 22 号品种，667 平方米栽 3500 株，秸秆还田，施生物液 2 千克，叶面喷磷酸二氢钾 2 次，植物诱导剂 3 次（800 倍液），比对照 667 平方米增产 400 千克，即 740 千克：1140 千克，玉米粒由对照的 16 ～ 18 行，扩大到 22 行，长度增 30%。其关键技术是：①用益生菌分解秸秆，按每千克干秸秆产玉米 0.6 千克，半湿畜禽粪拌生物菌每千克产 0.3 千克投入。②按产 100 千克玉米投 3 千克纯钾计算，667 平方米产 1000 千克，投入含量 50% 天然钾 60 千克（因该地区土壤含钾量在 200 ～ 300 毫克／千克，不需再补钾）。③光照充足，太阳照到地面的光利用率超过 1%，瞬间大于 6% ～ 7%，在晋、冀、鲁、豫南部小麦、玉米生产区，需用植物诱导剂拌种或苗期叶面按 800 倍液浓度喷洒，来提高光的利用率，太阳光能利用率可提高 0.5 ～ 4 倍。同时能控制植株徒长，提高籽粒饱满度。

第九节　其他有机作物田间栽培典型应用实例

1. 王宝山两膜一苫拱棚种植韩国贝蒂娃娃菜667平方米产7500千克

山西省新绛县桥东村村民王宝山选用韩国贝蒂娃娃菜品种，2009年3月下旬下种，6月上旬采收，667平方米栽6000～10000株，按有机肥+生物菌液+钾技术，单球重0.2～2千克，产菜2000～7500千克（香港要求每棵200克左右），每株收购价0.5元，产品符合有机食品标准要求。2009年7月在香港、深圳每千克零售价19.2元。

（6）河南省内黄县石盘村桑报红，2012年种植夏秋茬玉米，667平方米下种850穴，每穴留6株，合5000株左右，每穴施生物有机肥7～9千克（按每千克生物有机肥长0.25千克玉米干粒计算，每穴长玉米6～10穗（边缘双穗效应原理），穴产1.5～2千克玉米粒，667平方米产1200千克左右，其中在拔节期前和喇叭口期用植物诱导剂800倍液叶面喷洒2次，在灌浆期穴施，施50%硫酸钾50千克（按每100千克可供产玉米粒1660千克，土壤含钾在200～300毫克／千克不施钾）。

乐士生物菌液1千克，45%硫酸钾15千克，株行距20厘米，栽1.6万株，8月份育苗，9月初定植，10月底至11月初上市，生长期60天，单株重250～300克。采收期前10天尚叶片发黄，叶面喷微乐士生物菌液+红糖300倍液，使叶面大量生产固氮菌而增绿，667平方米产菜达4000千克以上。

3. 王双喜用生物技术甘蓝上市早产量高

山西省新绛县符村王双喜，2012年2月（正月十五）定

2. 马林生两膜一苫拱棚种植意大利生菜667平方米产4000千克

2008年山西省新绛县西曲村马林生为香港生产生菜，667平方米施鸡粪5立方米，冲施微

植，品种为8398，前茬为韭菜作物，667平方米施复混肥100千克，栽4000株，冲微乐士生物菌或微乐士生物菌液2千克，在"清明节"时又冲入微乐士生物菌1千克，4月14日叶面喷洒2000倍液的植物诱导剂1次，即取原粉50克，用500克开水冲开，放24～48小时，兑水200千克，可喷洒0.5公顷甘蓝。4月20日上市，单球重1.3千克，每千克2元，收入1万余元。较化学技术早上市10天左右，产量提高15%～40%，即早期收获时增重15%，后期增重40%左右。整体价格高出0.2～0.5元，总收入多出1倍左右。

4. 贺玉锁用生物技术越夏芹菜收入增加一倍

山西省新绛县西横桥贺玉锁，2012年5月底，在早春甘蓝收获后，直播越夏芹菜，因芹菜根浅。当时气温高，6月下旬芹菜烂茎枯叶严重。他667平方米冲施生物菌2千克。第二天伤口干皱，开始愈合。9月下旬

上市，667平方米产芹菜7500千克，每千克0.8元。而临地种植户没用生物菌液，茎烂叶黄，产品不认卖，每千克0.4元难以销出，贺玉锁用生物技术增收一倍多。

5. 文培珠用生物技术香菜价格提高一倍

山西省新绛县西曲村文培珠夏秋香菜叶面喷洒阳泉昌鑫公司生产的微乐士叶面肥，收获期产品高出对照2.5～3厘米，产量提高55%，价格提高一倍。

6. 潘孔二用生物技术瓜菜产品供应港澳地区

广东省湛江市徐闻县南山镇二桥村潘孔二，2012年开始

采用马新立研究的生物有机集成栽培技术生产西瓜、甜瓜、尖椒、菜心，应用面积达130多公顷，作物产量提高0.5～1.2倍。比如，菜心用化肥、有机肥技术667平方米产750千克左右；用生物技术667平方米产1500千克以上，口感好，品质达到供应香港、澳门标准要求。管理中受病虫危害，但秧子绿，不死秧。

7. 段春龙夏秋大葱用生物技术产量较比照增产2倍

山西省新绛县北燕村段春龙，2012年7月栽植夏秋茬大葱（下图），定植时基施昌鑫生物有机肥160千克，8～9月均分3次叶面喷微乐士生物菌液0.5

8. 虞林森用生物技术栽培红富士苹果667平方米产达6000千克

山西省吉县吉昌镇谢悉村虞林森（13934171032），2012年用生物有机肥+生物复合菌液+植物诱导剂+钾+植物修复素技术栽培管理苹果园，苹果着果丰满，没有大小年。特别是在早春果树开花期遇到下雪，多数果树出现冻害伤叶落花，而用生物技术栽培，叶花抗寒，没受到冻害，667平方米每年都可产果5000～6000千克。

千克。到9月15日，大葱667平方米栽8400株，单株重高达700克，平均550克，产4500千克，而对照作物（下图）667平方米产1500千克，增产正好2倍。

9. 桑报红用生物技术种植露地甜瓜一年收入60万元

2012年，河南省内黄县石盘村桑报红，以年700元一亩承包120亩地，种植甜瓜，亩施畜

禽粪各5方，生物菌分解并防死秧，植物诱导剂1800倍液叶面喷洒控秧促瓜，品种为京甜1号。单瓜重1千克左右，用生物技术单瓜重1.5～2千克，肉质软甜，亩产3000千克左右，每千克批发价2.6元，收入7000余元，减去用工用物等2000余元，纯收入5000元。年总收入60万元。桑报红总结认为，用生物技术头年因地力差应适当多施生物菌和有机肥，第2年可减少30%，第3年再少20%。有机肥按理论数字多施50%计算法，按干秸秆每千克产瓜5

千克，半干畜禽粪每千克产瓜2.5千克计算，必须用生物菌分解，因当年生物有机肥不能充分发酵利用完，要因地制宜。

10. 张立堂用生物技术种植甜瓜667平方米产7500千克收入5.6万余元

甘肃省酒泉市肃州区东文化街张立堂，2012年于国家农业综合开发戈壁滩基地，早春在温室里种植凌玉3号甜瓜，用秸秆、牛粪各5立方，鸡粪2立方，分6次施微乐士生物菌液8千克。植物诱导剂50克，兑80千克水，苗期喷1次，施赛众28钾25千克，甜瓜脆甘，一般栽培株留三侧枝结6瓜，每瓜0.5千克，用生物技术秧子后劲

足，每株结瓜12瓜左右，增产近1倍，667平方米栽1350株，产瓜7500千克（品种介绍产量为3000～4500千克），每千克批发价6～12元，平均7.5元，667平方米收入5.6万余元，比化学、有机肥技术增产3500千克，增收2.6万元；价格高15%，又增收1万元左右，较对照总增收3万余元。

同年山西省繁峙县高占兴用生物技术种植陕甜1号品种，产品达有机食品标准要求，无死秧，无病毒及真、细菌性病害，667平方米收入6万余元。

第二章

生物有机农业新观点

第一节　化学农业已将人类推向生存危机之境

  人类饮食成分与结构的形成是长期演化的结果，人类饮食成分变化是从160年前化肥的问世开始的，特别是在合成氨和尿素的生产和使用后变化更加快了。在这几十年中当人类尚未完全搞清其影响时，化肥已经在一定程度上影响了人类饮食的成分；同时也影响到人类自身的居住环境。由于在农业上大量使用化肥、农药、抗生素、激素、人畜粪便、生活垃圾、工业污水等，使环境污染、土壤板结、水土流失、自然资源枯竭、生物多样性锐减、自然灾害频繁、农业生产成本上升、经济效益下降、粮食及蔬菜为主的食品安全受到严重威胁。

  经历了40多年的化学农业，化学肥料和农药把全球95%的耕地都变成了"腐败型土壤"，其恶果主要表现在如下三个方面：

  一是破坏了土壤菌群平衡。20世纪60年代前的传统、自然有机农业时期的"净菌型土壤"变成了现在的"腐败型土壤"。这种土壤中有益菌群处于弱势，腐败菌、致病菌处于强势，因此农民种地有越种越难种之感，各种农作物几乎全部都发生重茬病害，有的大幅度减产或绝收。病害在增多，农民使用农药也在增多。浓度不断加大，而病菌的抗药性也在增强，已步入恶性循环而难以自拔。2008年在越南曾有10万多公顷水稻黄矮病泛滥的惨痛事例。

二是破坏了土壤营养平衡。70%的化学肥料和农药残留在土壤和空气中，一部分渗漏挥发损失，一部分在腐败菌的作用下转化成胱胺、氨、硫化氢、亚硝基等有毒物质，当其浓度越积越多，植物根系吸收后会自我中毒，从而减弱或丧失吸收养分功能，地上部分表现为病态缺肥，长势弱、产量低、产品口感差，肥效也越来越差，被称为"庄稼有了厌肥症"。据农业部资料显示，20世纪六七十年代，1千克化肥可以增产13千克粮食，而现在只能增产0.9千克，全国每年化肥总用量不断增加，而粮食总产却踏步不前。全国大搞土壤化肥配方施肥，以便达到氮、磷、钾及微量元素平衡，但是效果甚微。因为从植物长相上看是缺肥，而实质上是植物吸收功能障碍所致。多数人又盲目加大化肥用量，继而造成肥害，走入恶性循环怪圈。

三是破坏了土壤酸碱平衡和团粒结构。不断施用化肥使土壤强酸离子大量积累，致使土壤酸化速度加快，板结。团粒结构、通气、保肥能力均差，根系长期处于缺有益菌、缺氧状态，生长发育期间病害多，产量难以提高。

化学农业生产在种、养上大量使用化肥、农药、添加剂、激素，致使市场上的食品90%都存在着不安全因素，年复一年的食用，已给人类身心健康及营养平衡造成严重危害，主要表现在如下几个方面：

（1）危害着生育妇女的身体健康。2006年8月中国召开食品安全会议，卫生部门检测发达地区生育妇女奶水，结果80%～87%奶水都含有危害人体的过量毒性残留物质，这对婴儿发育来说，是一个无法估量的潜在危险。

（2）由于种、养中大量使用促长、催肥、促早熟、瘦肉精等各种激素类产品，瓜、果、菜、肉、蛋、奶都有激素残留，下一代成了主要受害者。如少年肥胖、性早熟、暴躁、忧虑等症越来越多，十一二岁女孩来月经和小男孩早恋成了社会性的问题。

（3）由于食品中含有亚硝基、重金属、胱胺等强烈致癌物质，现在千奇百怪的癌症、怪病、疑难杂病数量直线上升，使人们在心理上、体能上普遍产生了"恐惧症"。

（4）高血压、心血管病人群已经由过去的老年人，延伸到中年和青少年人群。

一些科学家急切呼吁，化学农业是破坏环境的万恶之源，挽救人类、拯救地球，必须果断限制或终止化学农业，尽快全面实施和步入生物有机农业之路。

第二节　回归生物有机农业潮流势不可挡

发达国家使用化肥、农药时间早、受害早，总结经验教训亦早。继而环保、食品安全意识比发展中国家强。据悉，20世纪末，美国已在20%、日本在22.5%的耕地上彻底实践生物有机农业，拒绝施用化肥农药。"卫生田（不施任何肥料等物质）+种苗+换地+田间管理=低产有机农作物食品。土壤越种越薄，产量一年比一年低，几年后搁置休闲，重新选一块地生产。"（见中国农科院院士刘立新著《科学施肥新思维与实践》，2008年5月由中国农业科学技术出版社出版）

发达国家高层消费人群庞大，为确保供应没使用过化肥、农药的食品，他们立法制定了有机食品和绿色食品标准，共分三个等级：最高等级为四A级有机食品，中间为双A级有机绿色食品，低级为一A级绿色食品，A级以下的为非安全食品。各等级之间价格差距大。如有机苹果每个（250克）售价10～17元人民币，而用过农药的果每千克1.2元，换算成250克，为0.3元，价差30～50倍。又如2006年山东一家公司种植200公顷有机西兰花出口日本，每千克7元，而用过化肥、农药的每千克1.5元，价格差5倍，但还被拒收。有机茶和普通茶叶，价格也相差数10倍。尽管有机食品价格如此高，国际市场的需求量每年仍以50亿美元需求的速度急增。随着广大消费者食品安全意识的提高，有机食品和有机农业的市场前景广阔。

食品进口国为了保护本国人民身体健康，把食品安全底线标准由2006年的数字标准提高了十几倍，筑起了绿色壁垒，如西欧从中国进口白芦笋罐头，原农药残留0.1%就算合格，现在提高到0.01%，提高了10倍。当年中国出口商损失惨重，退货一宗高达800～1000吨。各级政府紧急采取措施，强制性禁用化肥、农药。

日本从中国进口鲜菜及农产品，占日总进口量的60%以上。确定的禁用化肥和农药增加到了600余种，目前，只准用生物农药。但中国人口众多，不能照搬欧美模式；中国有几千年农耕文化传承，我们完全可以走出一条全新的中国式有机农业之路——生物整合创新高产栽培模式。

第三节　科学依据

一、无机营养理论的错误使农业陷入恶性循环

现代的土壤肥料营养理论中，一个致命的错误是认为有机质对植物吸收营养的直接关系是断裂无效的，必须矿化、气化、无机化及化学化后才能被植物吸收。

而实质上，现在所有的有机肥和95%的土壤都是腐败菌、致病菌占优势。它们在分解有机物时，一是温度高、能量损失大；二是产生甲烷、硫化氢、氨、硫醇、甲硫醇等臭味物质污染空气，毒害植物；三是大部分有机能量变成二氧化碳和氮气回归到空气中。以上3种损失占有机物能量的76%～80%，只有4%左右矿化的氮、磷、钾被植物利用。

在化学农业理论指导下，要求农民在使用有机肥前，一定要沤熟后才能使用。现在的有机肥都是腐败菌占绝对优势，臭味很大，经过几个月的沤制，人为的释放了肥效及有机能量。蛋白质变成臭味和分子氮气体排放到空气中；纤维素、淀粉、木质素、脂肪等碳水化合物变成硫化氢、二氧化碳、甲烷气体也放掉了。所以农民有一句谚语"肥放一年成土"。日本硫球大学比嘉照夫教授测试证实，腐败菌占优势的情况下，有机物能量是"缩小型循环"。100千克有机物在沤制过程和土壤存留中，只能被利用20%左右，80%放空失掉了。这种现象迷惑了化学农业试验者，使他们武断地下结论，认为植物不能直接吸收有机营养，糊涂地走上了无机营养理论指导下的化学农业之路。

二、有机农业必须有有机营养理论来指导，才能更好地发展生产

早在10年前，法国科学家克万（keivan）、日本komakl及日本硫球大学比嘉照夫教授提出了植物可以吸收溶于水的有机营养物质的论述。他们确定的基本概念是："有益微生物复合菌将有机物分解成有效的可溶性物质如氨基酸、糖、乙醇和类似的有机化合物，这些可溶性的物质，可以直接被根系吸收。"十多年过去了，无机营养理论及化学农业坚持者仍对这种理论持冷漠怀疑态度，这是历史性的巨大遗憾。只要我们农业科技工作者稍微注意一下农民生产实践就会发现，我们身边的不少农民用着生物有机营养。干旱地区农民给小麦种子上拌植物油，可以促进根系旺盛生长，达到抗旱之目的；给西瓜施植物油渣，西瓜不但高产，而且更甜；给小麦喷醋，可以预防干热风，提高千粒克重；还有现在大量销售的氨基酸叶面肥，叶面喷酸奶，让乳酸菌转换营养；叶面喷微乐士生物菌液加糖，使固氮菌让叶变绿，这些都是可溶性有机营养，植物不能直接吸收有机营养的观点，是否正确呢？

再来看有机营养理论战略地位的重要性。瓜、果、蔬菜作物生物学种植农产品，果、根、茎、叶、枝混合物化验结果是：其中碳占45%、氧45%、氢6%、氮1.5%、磷0.5%、钾仅占2%。综合起合碳、氢、氧占96%，氮、磷、钾占4%左右。小麦、玉米的氮、磷、钾含量稍微高一点占5.5%。水稻最高，氮、磷、钾也仅占7%，各种作物平均氮、磷、钾按5%计算，碳、氧、氢且占95%。几十年来，无机营养理论只研究4%～5%的三元素供给，而忽略了95%～96%的三元素问题。可谓抓了"芝麻"丢了"西瓜"，这不是认识上的巨大的历史性失误吗？如何才能做到碳、氧、氢、氮、磷、钾六大元素的平衡供给？只有施用生物有机肥才能做到。因为六大元素就在有机物中，如植物秸秆、残枝落叶和动物残体，都是植物的有机营养源。不仅能满足90%的碳、氧、氢需要，同时也提供了4%氮、磷、钾的要求，所以有机肥通过生物分解，才是自然造化给植物生长最完美的养料。

三、有益菌对土壤肥力累积作用巨大

1. 有益菌把土壤变成了门类齐全的营养库

有机肥沤制和田间土壤，只要足量施用有益生物菌，使有益菌（发酵分解菌、再生合成菌）占绝对优势，它们在分解有机物

时就能达到很好的效果：一是不产生高温热量损失养份；二是不释放有毒气体物质；三是通过分解作用，使土壤中的营养物质更适合作物吸收，再加上有益菌分泌很多种促进植物生长的生理活性物质，如维生素、激素等，把土壤变成了植物门类齐全的营养供应库。

2. 减少植物能量消耗

使一些能溶于水的有机物，被植物根系直接吸收到体内，直接组装在纤维素、木质素、蛋白质、淀粉、脂肪大分子结构上，不用消耗能量合成这些小分子物质。而叶绿素合成的产物也可全部参与生长发育的积累中去。这种减少能量消耗、两条渠道积累的机制，就是生物有机肥具有惊人增产效果的理论基础。

3. 肥力累积效应高, 地越种越肥

由于有益菌占优势的生物有机肥，分解过程中不产生毒性有害物质，不需要提前几个月沤制，减少了沤制过程中的热量和有害气体挥发造成能量损失，也不会把有机物变回到二氧化碳、氮气、水无机元点上，而是半路上就提前进入下一轮能量循环，损耗大大减少，节约合成小分子的能量消耗，从而建立起一个"扩大型"有机能量循环体系。如果土壤真正变成"发酵合成型"，有机物能量循环利用就会由腐败型20%～24%的缩小型，变成150%～200%的"扩大型"。就是上一轮生物学产量——有机物100千克施入土壤，下一轮循环就能产出150～200千克有机物。有了这个有机营养理论作指导，我们才能理解为什么原始森林历经几百年、几千年的发展，而土壤中有机质仍然高出耕地几倍甚至十几倍，氮、磷、钾、微量元素都不极缺。因为每一轮循环，都是积累大于消耗，这就是有机农业万古长青的奥秘。

第四节　中国式有机农业生物整合创新高产栽培模式概述

我国"农业八字宪法"（即土、肥、水、种、密、保、管、工）于20世纪后半叶在农业生产发展上起到了重大指导作用，特别是化学肥料、农药的生产和应用，对解决我国人民温饱问题起到了主导作用。但同时也束缚了广大干部、农民对现代、生物农业和有机农业的认识和发展。

中国式有机农业生物整合创新高产栽培模式，一是将中国"农业八字宪法"提升为"作物十二平衡管理技术"，即"土、肥、水、种、密、保、管、工"改为土、肥、水、种、密、气、温、光、菌、环境设施、地上与地下、营养生长与生殖生长等十二平衡；二是将作物生长的三大元素氮、磷、钾（只占作物体2.7%），调整为碳、氢、氧，占作物体95%左右；三是将作物生长主要靠太阳的光合理论调整为靠生物有益菌的有机营养理论，从而创新集成了五大要素，即碳素有机肥（秸秆、禽畜粪等）＋微乐士有益生物菌＋天然矿物钾＋植物诱导剂（有机农产品生产准用认证物资）＋植物修复素，投入比化学农业技术成本降低30%～50%，产量提高0.5至3倍，产品符合国际有机食品标准要求。此技术建议于2009年2月以信函方式奉报国务院主要领导，2009年4月24日国务院派中国肥业调查组到山西省新绛县调查，2009年6月2日国务院办公厅以45号文件正式出台了《促进生物产业加快发展的若干政策》，拉开了生物技术农业发展的序幕。2010年中共中央在"十二五"规划中提出，"要培养2000万生物技术骨干人才队伍"，将生物技术应用推向实质性发展阶段。

国内外同类技术对比：目前国内外行业专家均认为，生产有机农作物食品不用化肥农药产量上不去；用上化肥农药又不符合原生态有机食品生产要求，正处于无奈时期。而我们总结的生物整合创新高产栽培模式，不用化肥和化学农药，但必须用碳素有机肥来保障作物生长的主要营养元素供应；微乐士生物菌液提高自然界营养的利用率；用天然钾壮秆膨果提高产量；用植物诱导剂增根控秧防治病虫害；用植物修复素愈合伤口，增加果实甜度。选择适宜当地消费的品种，增加市场份额，提高种植收益。本技术属国际先进水平，目前无同类技术相媲美。

近8年来，山西省新绛县以马新立组织的生物有机农业团队在全国各地所有省市（自治区）累计推广面积超亿亩，各地（包括台湾两岸农业发展公司）应用反馈意见证明，在各种作物上应用产量均可提高50%至2倍，田间几乎不考虑病虫害防治，产品味醇色艳。现将具体做法进行简要概述。

（1）使用生物肥直接取代化肥。目前所有有机食品生产基地，基本都是走的这条路。有机食品基地认证标准明确规定，土地3年前没使用过化肥、化学农药，通过18个月左右的转换期，让有益微生物以碳、氢、氧有机肥为载体营养，繁殖后代扩大菌群，缓慢的把化肥、农药残留降解。通过化验土壤、水质、空气全面达标后，才能正式成为有机食品生产基地。2008—2012年，山西省新绛县在供港基地，当季当茬用生物菌生产蔬菜产品，经国内外化验、认证指标全部合格，并签订国际产销合同。

（2）用生物肥处理农家肥。把牛、猪、鸡粪，秸秆，杂草等有机物按5%～10%的生物肥用量，分层均匀撒在肥堆上，翻倒3遍，让有机肥与生物肥混合均匀，堆成60～80厘米高的方型，如果水分大可在堆上打数个40～60厘米深孔，以便通气。水分要求是手握成团掉下即散为宜，然后盖塑料膜，发酵 5～7 天，温度超过 45℃，去掉塑料膜或翻堆降温。这样沤制后，有益菌杀死腐败菌占领生态位，有机肥无臭味，肥效大大提高。

应用生物技术，碳素有机肥可就地收集沤制就地应用于生产，地方农作物产量可成倍提高，农业收入可翻番，食品实现优质供应，可谓一箭双雕。

(3) 用菌液冲入田间。提前 2～3 天，将农家粪肥施入田间与土混合，冲入 2～5 千克生物菌液，直接栽秧，发酵，消臭味，肥效高。农家肥经过生物肥和菌发酵处理，第一有益菌打败腐败菌占领了生态位；第二启动了有机营养机制和植物次生代谢功能，肥效提高；第三把农家肥变成生物肥，有益菌的数量扩大了若干倍，这样就克服了单纯使用普通农家肥造成的损失减产。

(4) 用生物肥与化肥混合施用。在农家肥不足的地方，为了避免减产，也不让化肥残留毒素，可以把生物肥与化肥混合施用，化肥用量是原使用量的 20%～30%，两样混合均匀底施。这样化肥中的氮素在有益菌的作用下，绝大部分转化为有机氮，减少化肥 70%。也就是说生物肥加化肥的增产效果，不是 1+1=2，而是 1+1＞2。这种现象称为肥力增效效应。吉林农校在大豆上试验，每 667 平方米施 1000 千克微乐士生物菌液有机肥、美国二铵 7.9 千克；对照田每 667 平方米常规有机肥 1000 千克、美国二铵 7.9 千克；对照田每 667 平方米施常规有机堆肥 1000 千克、美国二铵 10 千克、硝酸铵 5 千克做追肥，投资比试验田多 13.5%，试验田比对照田高产 20.5%，效益高 28%。张全 2006 年曾在越南农业部水稻田上试验，生物肥 60%，化肥 40%，长势好，增产 15% 以上。这充分说明，生物肥和化肥混合施用后，有机营养机制启动，使两者产生了肥力增效作用，产量超过了纯用化肥的增产作用。而普通有机肥和化肥混用，由于有机肥中仍然是腐败菌占优势，化肥很快变为亚硝基（亚硝酸铵）、胱胺、硫化氢等有毒物质，使植物根系中毒，吸收能力降低。还有相当一部分变为氨或分子氮气回归空气损失掉了。虽然化肥多、投资大，但没有转化为产量和效益。

（5）应用复合菌剂。各种作物种子，用500倍液的微乐士有益生物菌液浸种24～48小时；花生、大豆不能浸种，可用500倍液喷湿种子，之后即可播种。

小麦三叶期、拔节、孕穗、抽穗各期，蔬菜苗期、定植期、果实形成期，500倍的微乐士有益生物菌液喷1～4次，或随水浇施1～2次。

通过近十年的生产实践检验，全程叶面喷施，不仅可以增产8%～18%，而且对很多苗期病害有明显的防治效果。

（6）生物肥连年等量使用，肥力累积效应强，后劲足，比用化肥增产。中国农业大学在小麦上进行了3年连续试验，每年每公顷施生物肥7.5吨，化肥是碳酸氢铵0.75吨、尿素0.3吨、过磷酸钙0.75吨，3年等量使用。第1年生物肥比化肥平产；第3年生物肥比化肥增产24.3%。如果把生物肥加大1倍，每公顷15吨，第1年比化肥增产18.8%；第2年比化肥增产24.3%；第3年比化肥增产35.6%，增产后化验土壤肥力相比净施化肥田，有机质高17.1%，全氮高12.3%，全磷高10.2%，速效氮高14.6%，速效磷高19.9%，速效钾高12.7%。这种用生物肥修复土壤的方法，既能大幅增产，又能使土壤肥力有更多的积累。目前,我国各地按此技术，在山东、河南、河北、新疆、山西、甘肃、辽宁、内蒙古、湖南等省茄子、黄瓜667平方米产已达2万～2.5万千克，番茄、辣椒达2万千克，生菜达4000千克，小麦达1012千克，玉米达1250千克，比用化学技术增产1～3倍的例子很多，说明生物有机肥对土壤肥力及作物增产有放射性作用。

第五节　有机蔬菜生产的十二平衡

一、有机蔬菜生产四大发现

一是把"农业八字宪法"改为十二平衡；二是把作物生长三大元素氮、磷、钾改为碳、氢、氧；三是把作物高产主靠阳光改为主靠益生菌；四是把琴弦式温室改为鸟翼形生态温室。

二、有机农产品概念

在生产加工过程中不施任何化肥、化学农药、生长刺激素、饲料添加剂和转基因物品，其所产物为有机食品。

三、有机蔬菜的生产十二平衡

有机蔬菜的生产十二平衡即：土、肥、水、种、密、光、温、菌、气、地上与地下、营养生长与生殖生长、环境设施平衡。

1. 土壤平衡

常见的土壤有四种类型，一是腐败菌型土壤。过去注重施化肥和鸡粪的地块，90%都属腐败型土壤，其土中含镰孢霉腐败菌比例占15%以上。土壤养分失衡恶化，物理性差，易产生蛆虫及病虫害。20世纪90年代至现在，特别是在保护地内这类土壤在增多。处理办法是持续冲施微乐士有益生物菌液。

二是净菌型土壤。有机质粪肥施用量很少，土壤富集抗生素类微生物，如青霉素、木霉素、链霉菌等，粉状菌中镰孢霉病菌只有5%左右。土壤中极少发生虫害，作物很少发生病害，土壤团粒结构较好，透气性差，但作物生长不活跃，产量上不去。20世纪60年代前后，我国这类土壤较为普遍。改良办法：施秸秆、牛粪生物菌等。

三是发酵菌型土壤。乳酸菌、酵母菌等发酵型微生物占优势的土壤，富含曲霉真菌等有益菌，施入新鲜粪肥与这些菌结合会产生酸香味。镰孢霉病菌抑制在5%以下。土壤疏松，无机矿物养分可溶度高，富含氨基酸、糖类、维生素及活性物质，可促进作物生长。

四是合成菌型土壤。光合细菌、海藻菌以及固氮菌合成型的微生物群占土壤优势位置，再施入海藻、鱼粉、蟹壳等角质产物，与牛粪、秸秆等透气性好，含碳、氢、氧丰富物结合，能增加有益菌即放线菌繁殖数量，占主导地位的有益菌能在土壤中定居，并稳定持续发挥作用，既能防止土壤恶化变异，又能控制作物病虫害，产品优质高产，并属于有机食品。

2. 肥料平衡

17种营养物质的作用：碳（主长果实）、氢（活跃根系，增强吸收营养能力）、氧（抑菌抗病）、氮（主长叶片）、磷（增加根系数目与花芽分化）、钾（长果抗病）、镁（增叶色，提高光合强度）、硫（增甜）、钙（增硬度）、硼（果实丰满）、锰（抑菌抗病）、锌（内生生长素）、氯（增纤维抗倒伏）、钼（抗旱，20世纪50年代，新西兰因一年长期干旱，牧草矮小不堪，濒临干枯，牛羊饿死无数，在牧场中奇怪地发现有一条1米宽、翠绿浓郁的绿草带，经考察，原来牧场上方有一钼矿，矿工回来所穿鞋底沾有钼矿粉，所踩之处牧草亭亭玉立，长势顽强）、铜（抑菌杀菌，刺激生长，增皮厚度，叶片增绿，避虫）、硅（避虫）、铁（增加叶色）。

3. 水分平衡

不要把水分只看成是水或氢二氧一，各地的地下水、河水营养成分不同，有些地方的水中含钙、磷丰富，不需要再施这类肥；有些地方的水中含有机质丰富，特别是冲积河水；有些水中含有益菌多，不能死搬硬套不考虑水中的营养去施肥。

4. 种子平衡

不要太注重品种的抗病虫害与植物的抗逆性。应着重考虑选择品种的形状、色泽、大小、口味和当地人的消费习惯，就能高产、高效。生态环境决定生命种子的抗逆性和长势，这就是技术物资创新引起的种子观念的变化。

有益菌能改变作物品种种性，能发挥种性原本的增长潜力。微乐士生物菌液由20多种属、80多种微生物组成，能起到解毒消毒的作用，使土壤中的亚硝基、亚硝基胺、硫化氢、胱氨等毒性降解，使作物厌肥性得到解除，增强植物细胞的活性，使有机营养不会浪费，几乎全利用，并能吸收空气中的养分，使营养的循环利用率增加到200%。植物也不必耗能去与毒素对抗而影响生长，并能充分发挥自我基因的生长发育能力，产量就会大幅提高。

5. 稀植平衡

土壤瘠薄以多栽苗求产量，有机生物菌技术稀栽植方能高产、优质。如过去黄瓜667平方米栽4500株左右，现在是2800株；西红柿过去3500～4000株、现在1800～2000株，有些更稀，合理稀植产量比过去合理密植高产1～4倍。

6. 光能平衡

万物生长靠太阳光，阴雨天光合作用弱，作物不生长。现代科学认为此提法不全面。植物沾着植物诱导剂能提高光利用率0.5～4倍，弱光下也能生长。有益菌可将植物营养调整平衡，连阴天根系不会太萎缩，天晴不闪秧，庄稼不会大减产。

7. 温度平衡

大多数作物要求光合作用温度为20～32℃（白天），前半夜营养运转温度为17～18℃，后半夜植物休息温度10℃左右。唯西葫芦白天要求20～25℃，晚上6～8℃，不按此规律管理，要么产量上不去，要么植株徒长。

8. 菌平衡

作物病害由菌引起是肯定的，但是菌就会染病是不对的。致病菌是腐败菌，修生菌是有益菌，长期施用有益菌液，即消化菌，可化虫卵。凡是植株病害就是土壤和植物营养不平衡，缺素就染病菌，营养平衡利于有益菌发生发展。

9. 气体平衡

二氧化碳是作物生长的气体面包，增产幅度达0.8～1倍。过去在硫酸中投碳酸氢铵产生二氧化碳，投一点，增产一点。现在冲入有益菌去分解碳素物，量大浓度高，还能持续供给作物营养，大气中含二氧化碳量330毫克/千克，有益菌也能摄取利用。

10. 地上部与地下部平衡

过去，苗期切方移位"囤"苗，定植后控制浇水"蹲"苗，促进根系发达。现在苗期叶面喷一次1200～1500倍液的植物诱导剂，地上不徒长，不易染病；定植后按600～800倍液灌根一次，地下部增加根系0.7～1倍，地上部秧矮促果大。

11. 营养生长与生殖生长平衡

过去追求根深叶茂好庄稼，现在是矮化栽培产量、质量高。用植物修复素叶面喷洒，每粒兑水14～15千克，能打破作物顶端优势，营养往下转移，控制营养生长，促进生殖生长，果实着色一致，口味佳，含糖度提高1.5～2度。

12. 环境设施平衡

2009年11月10日，我国北方普降大雪，厚度达40～50厘米。据笔者调查，山西太原1.2万个琴弦式温室被雪压垮，山西阳泉平定80%的山东式超大棚温室被雪压塌，山西介休霜古乡现代农业公司，48栋10米跨度、高4.5米的琴弦式温室内所植各种蔬菜及秧苗全部受冻毁种。

而辽宁台安县、河北固安县、河南内黄县、山西新绛县、湖南常德市（5万余栋）的鸟翼形长后坡矮后墙生态温（该温室1996年获山西省农技承包技术推广一等奖，山西省标准化温室一等奖，新绛县被列为全国标准化温室示范县）室完好无损，秧苗无大损伤。近几年，以上地域利用此温室，按有机碳素肥+微乐士生物菌液+植物诱导剂+钾技术，茄子、黄瓜667平方米产2.5万千克，番茄辣椒产1.5万～2万千克，效果尤佳。

（1）琴弦式温室压垮原因分析：一是棚面呈折形，积雪不能自然滑落，棚南沿上方承受压力过重导致温室的骨架被压垮；二是折形棚面在"冬至"前后与太阳光大致呈直线射进，直光进入温室量大，但散射光及长波光是产生热能的光源，而直射光主要是短波光照，在棚面很少产生热能，只能是照在室内地面反光后变成长波光才生产热能，棚面温度低易使雪凝结聚集在上方而导致温室被压塌。

（2）超大棚温室压垮和秧苗受冻原因分析：一是跨度过大，即棚面呈抛物线拱形，坡度小，中上部积雪不能自然下滑至地面，多积聚在南沿以上处，温室骨架被积雪压坏；二是棚面与地面空间过高，达4.5～5米，地面温度升到顶部对溶雪滑雪影响力不大；三是多数人追求南沿温室内高，人工操作方便致使钢架拱度过大，坡度太小，不利滑雪；四是温室内空间大降温快、升温慢，溶雪期间气温低，室内秧苗易受低温冻害毁种。

（3）鸟翼形生态温室抗灾保秧分析：鸟翼形温室的横切面呈鸟的翅膀形，南沿较平缓，雪可自然下滑至地面；半地下式系栽培床低于地平面40厘米，秧苗根茎部温度略高；空间矮，地面温度可作用到棚顶，使雪融化下滑；因后屋深，跨度较小，白天吸热升温快，晚上室内温度较高，生态温室即"冬至"前后，太阳出来后室内白天气温达30℃左右，前半夜18℃，后半夜12℃左右，适宜各种喜温性蔬菜越冬生长的昼夜作息温度规律要求，亦可做延秋茬继早春茬两作蔬菜栽培。温室即抗压，又保秧苗安全生长。如果在夜间下雪，只要在草苫上覆一层膜，雪就可自然滑下。

鸟翼形生态温室具有以下特点：①棚面为弧圆形，总长9.6米，上弦用直径3.2厘米粗的厚皮管材，下弦和W型减力筋为11毫米的圆钢材，间距15～24厘米焊接，坚固耐用；②跨度7.2～8.8米，土壤利用效益好，栽培床宽7.25～8.25米；③后屋深1.5～1.6米，坡梁水泥预制长2.15～2.8米，高20厘米，厚12厘

鸟翼形长后坡矮北墙日光温室立柱与后屋脊梁连接处造型
（本温室2011年获国家知识产权局实用技术专利）

米，内设4根冷拉钢丝，冬季室内贮温保温性好；④后墙较矮，高1.6米左右，立柱水泥预制，宽、厚12厘米，高4～4.4米，包括栽培床地平以下40厘米，棚面仰角大，受光面亦大；⑤土墙厚度。机械挖压部分，下端宽4.5米，上端宽1.5米；人工打墙部分，下端厚1～1.3米，上端厚0.8～1米，坚固，不怕雨雪，冬暖夏凉；⑥顶高3.1～3.4米，空间小，抗压力性强，栽培床上无支柱，室内作物进入光合作用快，便于机械耕作；⑦前沿内切角度为30°～32°，"冬至"前后散射光进入量大，升温快，棚上降雪可自动滑下；⑧方位正南偏西5°～9°，光合作用时间长。可避免正南方位的温室，早上有光温度低，下午适温期西墙挡阳光，均不利于延长作物光合作用时间和营养积累的弊端；⑨长度为74～94米，便于山墙吸热放热保秧、耕作和管理。建议各级领导及广大农民不要片面追求高大宽温室，要讲究安全、高产、优质、高效的设施和低投入、简操作的生产方式。

第六节　有机蔬菜的生产五大要素

一、五大要素

碳素有机肥（牛粪、秸秆或少量鸡粪，每吨35～60元）＋微乐士生物菌液（每千克60元）＋钾（含量51%每50千克200元）＋植物诱导剂（每50克25元）＋植物修复素（每粒5～8元）＝有机食品技术。

（1）决定作物高产的营养是碳、氢、氧，占植物干物质的95%左右。碳素有机质即干秸秆含碳45%，牛、鸡粪含碳20%～25%，饼肥含碳40%，腐植酸有机肥含30%～50%的碳。碳素物在自然杂菌的作用下只能利用20%～24%，属营养缩小型利用，而在生物菌的作用下利用率达100%。有机碳素物与微乐士生物菌液结合能给益生物繁殖后代提供大量营养，每6~10分钟繁殖一代，其后代可从空气中吸收二氧化碳（含量330毫克／千克）、氮气（含量79.1%），能从土壤中分解矿物营养，属营养扩大型利用，可提高到150%~200%。所以，碳素有机肥必须与微乐士生物菌液结合才能发挥巨大的增产作用。

（2）生物菌可平衡植物体营养，改善作物根际环境，根系发达。作物根与土壤接触，首先遇到的是根际土壤杂菌，用很大的能量与杂病菌抗争，生长自然差。在生物菌与碳素有机肥的根际环境下，根系生长尤其旺盛，可将种性充分发挥出来。经试验，根可增加1倍，果实可增大1倍，产量亦可增多1倍以上。另外，生物菌能将碳、氢、氧等元素以菌丝体形态通过根系直接进入植物体，是光合作用利用有机物的3倍。

（3）钾是长果壮秆的第二大重要元素。长果壮秆的第一大元素是碳，除青海、新疆部分地区的土壤含钾丰富外，多数地区要追求高产，需补钾。按国际公认，每千克钾可长鲜瓜果94~170千克，长全株可食鲜菜244千克左右，长小麦、玉米干籽粒33千克。缺钾地区补钾，产量就能大幅提高。

以上三要素是解决作物生长的外界因素，即营养环境问题，而以下两个要素则是解决内在因素问题。

（1）植物诱导剂可充分发挥植物生物学特性。可提高光合强度50%至4倍，增加根系70%至1倍，能激活植物叶片沉睡的细胞，控制茎秆徒长，使植物体抗冻、抗热、抗病虫害，作物不易染病，就能充分发挥作物种性内在免疫及增产作用。该产品系中药制剂，667平方米用50克植物诱导剂，用500克开水冲开，放24小时，兑水40~60千克灌根或叶面喷洒。

（2）植物修复素可愈合病虫害伤口，2天见效，并可增加果实甜度1.5～2度，打破了植物顶端优势，使产品漂亮可口。

二、有机农产品基础必需物资——碳素有机肥

影响现代农业高产优质的营养短板是占植物体95%左右的碳、氢、氧（作物生长的三大元素是碳、氢、氧，占植物体干物质的96%；不是氮、磷、钾，它们只占3%以下）。碳、氢、氧有机营养主要存在于植物残体，即秸秆、农产品加工下脚料，如酿酒渣、糖渣、果汁渣、豆饼等和动物粪便，这些东西在自然界是有限的。而风化煤、草碳等就成了作物高产优质碳素营养的重要来源之一。

1. 有机质碳素营养粪肥

每千克碳素可长20～24千克新生植物体，如韭菜、菠菜、芹菜；茴子白减去30%～40%外叶，心球可产14～16千克；黄瓜、西红柿、茄子、西葫芦可产果实12～16千克，叶蔓占8～12千克。

碳素是什么，是碳水化合物，是碳氢物，是动、植物有机体，如秸秆等。干玉米秸秆中含碳45%，那么，1千克秸秆可生成韭菜、菠菜等叶类菜10.8千克（24×45%），可长茴子白、白菜7.56千克（24×45%×70%，去除了30%的外叶）可长茄子、黄瓜、西红柿、西葫芦等瓜果7.56千克（24×45%×70%，去除了30%的叶蔓）。碳素可以多施，与生物菌混施不会造成肥害。

饼肥中含碳40%左右，其碳生成新生果实与秸秆差不多，牛粪、鸡粪中含碳均达25%，羊粪中含碳16%。

（1）牛粪。667平方米施5000千克牛粪含碳素1250千克，可供产果菜7500千克，再加上2500千克鸡粪中的碳素含量625千克供产果菜3750千克。总碳可供产西葫芦、黄瓜、西红柿、茄子果实1

万千克左右；那么，可供产叶类菜2万千克左右。

（2）鸡粪。鸡粪中含碳也是25%左右，含氮1.63%，含磷1.5%，667平方米施鸡粪1万千克，可供碳素2500千克，然后这些碳素可产瓜果2500千克×6＝15 000千克。但是，这会导致667平方米氮素达到163千克，超过667平方米合理含氮19千克的8倍；磷150千克，超标准要求15千克的10倍，肥害成灾，结果是作物病害重，越种越难种，高质量肥投入反而产量上不去。

（3）秸秆。秸秆中的碳为什么能壮秆、厚叶、膨果呢？

一是含碳秸秆本身就是一个配比合理的营养复合体，固态碳通过微乐士生物菌液生物分解能转化成气态碳，即二氧化碳，利用率占24%左右，可将空气中的一般浓度300～330毫克/千克提高到800毫克/千克，而满足作物所需的浓度为1200毫升/千克，太阳出来1小时后，室内一般只有80毫克/千克，缺额很大。75%的碳、氧、氢、氮被微乐士生物菌分解直接组装到新生植物和果实上。再是秸秆本身含碳氮比为80：1，一般土壤中含碳氮比为8～10：1，满足作物生长的碳氮比为30～80：1，碳氮比对果实增产的比例是1：1。显然，碳素需求量很大，土壤中又严重缺碳。化肥中碳营养极其少，甚至无碳，为此，作物高产施碳素秸秆肥显得十分重要。二是秸秆中含氧高达45%。氧是促进钾吸收的气体元素，而钾又是膨果壮茎的主要元素。再是秸秆中含氢6%，氢是促进根系发达和钙、硼、铜吸收的元素，这两种气体是壮秧抗病的主要元素。三是按生物动力学而言，果实含水分90%～95%，1千克干物质秸秆可供长鲜果秆是10～12千克，植物遗体是招引微生物的载体，微生物具有解磷释钾固氮的作用（空气中含氮高达79.1%），还能携带16种营养并能穿透新生植物的生命物，系平衡土壤营养和植物营养的生命之源。秸秆还能保持土温，透气，降盐碱害，其产生的碳酸还能提高矿物质的溶解度，防止土壤浓度大引起的灼伤根系，抑菌抑虫，提高植物的抗逆性。所以，秸秆加菌液，增产没商量。

其用法为将秸秆切成5～10厘米段，撒施在田间，与耕作层土35厘米左右内充分拌匀，浇水，使秸秆充分吸透水，定植前15天或栽苗后，随浇定植水冲入微乐士生物菌液2千克左右。冲生物菌时不要用消毒自来水，不随之冲化学农药和化肥，天热时在晚上浇，天冷时在20℃以上时浇，有条件的可提前3～5天将微乐士生物菌液2千克拌和6～16千克麦麸和谷壳，定植时将壳带菌冲入田间，效果更好。也可以提前1～2个月，将鸡粪、牛粪、秸秆拌和沤制，施前15天撒入微乐士生物菌液。

（4）应用实例。

谭秋林用生物有机钾肥种植草莓667平方米收入4.5万元　河北省石家庄市栾城县柳林屯乡范台村谭秋林，2008年在温室里种植草莓每667平方米施鸡粪8方，用有益生物菌分解，结果期追施俄罗斯50%硫酸钾30千克，产草莓2250千克，每千克售价20元。到2009年3月10日，出现干边症，每次浇水追施生物菌液2千克解症。建议今后施鸡粪、牛粪各4方，产量更高。结果期叶面喷施植物修复素1～2次，着色及甜度更佳。

邹崇均用生物技术种植田七对照，迟下种45天，增大52%　广西靖西县田七场场长邹崇均，2010年种植田七10公顷，过去667平方米3年采80～100千克，用生物有机技术1年就可采80千克左右。2010年6月8日前后，因当时雨频湿大，田七出现大量死秧，而用微乐士生物菌液冲施，田七根从新萌芽恢复生长，到11月份使用生物技术种植田七较对照迟下种45天，增大52%。

孙京照用生物技术种植冬枣，667平方米产枣1000余千克　陕西省澄城县安利乡冬枣园孙京照，2008年将沾化冬枣移栽到日光温室，

2009年按牛粪、生物菌、钾等生物技术管理，8月中下旬着色上市，667平方米产枣1000余千克，符合有机食品标准要求。

黄建国用生物技术种植密橘增产2076千克　云南省永胜县农业局在期纳大沟村黄建国，在7年龄温州密橘田，667平方米栽60株，12月23日第1次株施生物肥3千克拌花生壳1.5千克，盖薄土；翌年4月2日第2次株施生物有机肥1.7千克；6月22日施第3次肥，株施微乐士生物菌液600倍液5千克，50%硫酸钾0.8千克，667平方米产密橘2613.4千克。同样采用上述措施，在早春，叶面上喷2次1200倍液的植物诱导剂，产量达2780.1千克，比喷清水百果增重14.6%，增产273.3千克，比2007年中国柑橘平均667平方米产量706千克增产2074千克，比世界平均667平方米产量929千克，提高2倍。产品丰满，达有机食品标准要求，如果再增施有机碳素肥、钾，还有增产空间。

权云生用生物技术栽培葡萄产3000千克　2010年，山西省新绛县北张村权云生，露地葡萄用有机碳素肥+生物菌+钾+植物诱导剂+植物修复素技术，果丰而甜，667平方米产3000千克。产品符合国际有机食品要求标准。

翟富爱用生物技术种植香蕉667平方米增收3800余元　广西省南宁市武鸣县罗镇翟富爱，福建人，2012年在此承包4公顷地种植香蕉，在4月中旬叶子将地面遮阴率达90%左右时，667平方米施生物菌肥80千克（合160元），到10月份收获，较对照早上市10天左右，每千克售价高0.4元，667平方米栽900株，每串平均重达45千克，较没用生物菌者35千克，增产10千克左右，增产加早熟增收，667平方米多收入3800余元，投入增产比1：23.7。

朱云山按生物技术种植菜瓜667平方米产7000千克　河北省青县王呈庄朱云山，自2006年按照生物技术种植温室黄瓜、西红柿较传统化学技术产量提高1倍左右，2012年春改种菜瓜，667平方米施鸡粪3000千克,667平方米产7000千克,仍用植物诱导剂控秧促瓜,生物菌提高有机肥利用率,控制病虫害,较化学技术3500千克提高1倍。

德杰按生物技术种植大姜667平方米收入达5万余元　山东省昌邑县德杰大姜农民专业合作社,2009年种植大姜600公顷,按碳素肥有机肥+生物菌+钾+植物诱导剂技术,667平方米产大姜4800余千克,比用化肥、农药增产1500~2600千克,增收3000~5000元。最高667平方米收入达5万余元。

程根生按生物技术种植番茄667平方米产1.86万千克　山西省长治市城区跃进巷程根生,2011年夏秋茬番茄,667平方米施秸秆2000千克,牛粪、鸡粪各3000千克,微乐士益生菌或生物菌液15千克(分13次用),50%天然矿物硫酸钾100千克,植物诱导剂50克,7月上旬下种,11月20日结果,667平方米产番茄1.86万千克,收入3.85万元。较化学技术增产1.2倍。

杨三民按生物技术种植,番茄植株不染病毒病　山西省新绛县站里村杨三民,2011年秋季,在定植温室秋茬西红柿时,牛粪、鸡粪各3000千克栽苗后叶面喷一次800倍液的植物诱导剂,随水冲施微乐士益生菌1.5千克,植株不染病毒病。选的是便宜种苗(斗牛士品种),每株0.2元,结果450平方米产果6500千克,收入9000余元,合667平方米产1万千克,收入1.5万元左右。而邻地解建等农户,没用生物技术,按化肥、有机肥技术,选的是抗体外病毒的价格每株0.6元的贵种苗,结果全部感染病毒病,绝收。

宋文魁按生物技术露地春番茄产量高、品质好　福建省莆田市城厢区山白村宋文魁,2010年种植露地春番茄,按牛粪、鸡粪有机肥+生物菌+植物诱导剂技术,667平方米产果9338千克,较用化肥、农药的地块增产1倍多,过去易发生病害无法生产。此法管理无病毒、无死秧、产量高、品质好。

周义萍生物技术种植越冬黄瓜增产1倍多　江西省萍乡市芦溪县埠鸭圹村周义萍，2009年秋种植温室越冬黄瓜，按牛粪、鸡粪有机肥+生物菌+植物诱导剂+植物修复素技术，667平方米产1.4万千克，较对照0.6万千克增产1倍多，如注重施钾产量会更高。

2. 昌鑫生物有机肥对作物有七大作用

（1）胡敏酸对植物生长的刺激作用。腐植酸中含胡敏酸38%，用氢氧化钠可使胡敏酸生成胡敏酸钠盐和铵盐，施入农田能刺激植物根系发育，增加根系的数目和长度。根多而长，植物就耐旱、耐寒、抗病，生长旺盛。作物又有深根系主长果实，浅根系主长叶蔓的特性，故发达的根系是决定作物丰产的基础。

（2）胡敏酸对磷素的保护作用。磷是植物生长的中量元素之一，是决定根系的多少和花芽分化的主要元素。磷素是以磷酸的形式供植物吸收的，目前一般的当季利用率只有15%～20%，大量的磷素被水分稀释后失去酸性，被土壤固定，失去被利用的功效，只有同有机肥或微乐士生物菌液结合，穴施或条施才能持效。腐植酸肥中的胡敏酸与磷酸结合，不仅能保持有效磷的持效性，并能分解无效磷，提高磷素的利用率。无机肥料过磷酸钙施入田间极易氧化失去酸性而失效，利用率只有15%左右。腐植酸有机肥与磷肥结合，利用率提高1～3倍，达30%～45%，每667平方米施50千克腐植酸肥拌磷肥，相当于100～120千克过磷酸钙。肥效能均衡供应，使作物根多、蕾多、果实大、籽粒饱满，味道好。

（3）提高氮碳比的增产作用。作物高产所需要的氮碳比例为1∶30，增产幅度为1∶1。近年来，人们不注重碳素有机肥投入，化肥投量过大，氮碳比仅有1∶10左右，严重制约着作物产量。腐植酸肥中含碳为45%～58%，增施腐植酸肥，作物增产幅度达15%～

58%。2008年，山西省新绛县孝义坊村万青龙，将红薯秧用植物诱导剂800倍液沾根，栽在施有50%的腐植酸肥的土地上，一株红薯长到51千克。由此证明，碳氮比例拉大到80：1，产量亦高。

（4）增加植物的吸氧能力。昌鑫生物有机肥是一种生理中性抗硬产品，与一般硬水结合一昼夜不会产生絮凝沉淀，能使土壤保持足氧态。因为根系在土壤19%含氧状态下生长最佳，有利于氧化酸活动，可增强水分营养的运转速度，提高光合强度，增加产量。腐植酸肥含氧31%～39%。施入田间时可疏松土壤，贮氧吸氧及氧交换能力强。所以，腐植酸肥又被称呼为吸肥料和解碱化盐肥料，足氧环境可抑制病害发生、发展。

（5）提高肥效作用。昌鑫生物有机肥生产采用新技术，使多种有效成分共存于同一体系中，多种微量元素含量在10%左右，活性腐植酸有机质53%左右。大量试验证明，综合微肥的功效比无机物至少高5倍，而叶面喷施比土施利用率更高。腐植酸肥含络合物10%以上，叶面或根施都是多功能的，能提高叶绿素含量，尤其是难溶微量元素发生螯合反应后，易被植物吸收，提高肥料的利用率，所以，腐植酸肥还是解磷固氮释钾肥料。

（6）提高植物的抗虫抗病作用。昌鑫生物有机肥中含芳香核、羧基、甲氧基和羟基等有机活性基因，对虫有抑制作用，特别是对地蛆、蚜虫等害虫有避忌作用，并有杀菌、除草作用。腐植酸肥中的黄腐酸本身有抑制病菌的作用，若与农药混用，将发挥增效缓释能力。对土传菌引起的植物根腐死株，施此肥可杀菌防病，也是生产有机绿色产品和无土栽培的廉价基质。

（7）改善农产品品质的作用。钾素是决定产量和质量的中量元素之一，土壤中钾存于长石、云母等矿物晶格中，不溶于水，含这类无效钾为10%左右，经风化可转化10%的缓性有效钾，速效钾只占全钾量的1%～2%，经腐植酸有机肥结合可使全钾以速效钾形态释放出80%～90%，土壤营养全，病害轻。腐植酸肥中含镁量丰富，镁能促进叶面光合强度，植物必然生长旺，产品含糖度高，口感好。腐植酸肥对植物的抗旱、抗寒等抗逆作用，对微量元素的增效作用，对病虫害的防治和忌避作用，以及对农作物生育的促进作用，最终表现为改进产品品质和提高产量。生育期注重施该肥，产品可达到出口有机食品标准要求。

目前河南省生产的"抗旱剂一号"，新疆生产的"旱地龙"，北京生产的"黄腐酸盐"，河北省生产的"绿丰95"、"农家宝"，美国产的"高美施"等均系同类产品，且均用于叶面喷施。叶用是根用的一种辅助方式，它不能代替根用，腐植酸有机肥是目前我国唯一的根施高效价廉的专利产品。山西昌鑫生物农业科技有限公司（0353-6983561）的生物有机肥利用以上七大优点，增添了有益菌、钾等营养平衡物与作物必需的大量元素，生产出一种平衡土壤营养的复合有机肥，通过在各种作物上作为基肥使用，增产幅度为15%～54%，投入产出比达1：9。如与生物菌液、钾、植物诱导剂结合，可提高作物产量0.5～3倍。

（8）建议应用方法。腐植酸即风化煤产品30%～50%+鸡、牛粪或豆饼各15%～30%，每60～100吨有机碳素肥用微乐士生物菌液1吨处理后做基肥使用。并配合天然矿物钾或50%硫酸钾，按每千克供产叶菜150千克，产果瓜菜80千克，产干籽粒，如水稻、小麦、玉米0.8千克投入（这3个外因条件必须配合）。另外，每667平方米用植物诱导剂50克，按800倍液拌种或叶面喷洒、灌根，来增强作物抗热、抗冻、冻病性，提高叶片光合强度，控秧蔓防徒长，增根膨果。用植物修复素来打破植物生长顶端优势，营养往下部果实中转移，提高果实含糖度1.5～2度，打破沉睡的叶片细胞，提高产品和品质效果明显。

（9）应用实例。2010年河南省开封市尉氏县寺前刘村刘建民，按牛粪、昌鑫生物有机肥压碱保苗，植物诱导剂控秧促根防冻，有益菌发酵腐植酸肥，增施钾膨果、植物修复素增甜增色，蔬菜漂亮，应用这套技术，拱棚西红柿增产50%到1倍。

2010年山西省新绛县北古交村黄庆丰，温室茄子用碳素肥+生物菌液+钾+植物诱导剂，667平方米一茬产茄果2万千克，收入4万元左右。

三、有机农产品生产主导必需物资——微乐士生物菌

食品从数量、质量上保证市场供应，是民生揪眼球和"三农"经济低投入、高产出的注目点。利用整合技术成果发展有机农业已成为当今时代的潮流。笔者总结的"碳素有机肥（秸秆、畜禽粪、腐植酸肥等）+微乐士生物菌液+天然矿物硫酸钾+植物诱导剂+植物修复素等技术=农作物产量翻番和有机食品"，2010年山西省新绛县立虎有机蔬菜专业合作社在该县西行庄、南张、南王马、西南董、北杜坞、黄崖村推广应用，西红柿一年两作667平方米产3万～4万千克。

其中，生物菌液在其中起主导作用，该产品活性益生菌含量高、活跃，其应用好处有：①能改善土壤生态环境，根系免于杂、病菌抗争生长，故顺畅而发育粗壮，栽秧后第二天见效。②能将畜禽粪中的三甲醇、硫醇、甲硫醇、硫化氢、氨气等对作物根叶有害的毒素转化为单糖、多糖、有机酸、乙醇等对作物有益的营养物质。这些物质在蛋白裂解酶的作用下，能把蛋白类转化为胨态、肽态可溶性物，供植物生长利用，产品属有机食品。避免有害毒素伤根伤叶，作物不会染病死秧。③能平衡土壤和植物营养，不易发生

植物缺素性病害，栽培管理中几乎不考虑病害防治。④土壤中或植物体沾上微乐士生物菌液，就能充分打开植物二次代谢功能，将品种原有的特殊风味释放出来，品质返璞归真，而化肥是闭合植物二次代谢功能之物质，故作用产品风味差。⑤能使害虫不能产生脱壳素，用后虫会窒息而死，减少危害，故管理中虫害很少，几乎不大考虑虫害防治。⑥能将土壤有机肥中的碳、氢、氧、氮等营养以菌丝残体的有机营养形态供作物根系直接吸收，是光合作用利用有机质和生长速度的3倍，即有机物在自然杂菌条件下的利用率20%～24%，可提高到100%，产量也就能大幅度增加。⑦能大量吸收空气中的二氧化碳（含量为330毫克／千克）和氮（含量为79.1%），只要有机碳素肥充足，微乐士生物菌液撒在有机肥上，就能以有机肥中的营养为食物，大量繁殖后代（每6～20分种生产一代），便能从空气中吸收大量作物生长所需营养，由自然杂菌吸收量不足1%提高到3%～6%，也就基本满足了作物生长对氮素的需求，基本不考虑再施化学氮肥，⑧微乐士生物菌液能从土壤和有机肥中分解各种矿物元素，在土壤缺钾时，除补充一定数量的钾外（按每50%天然矿物硫酸钾100千克，供产鲜瓜果8000千克，供产粮食800千克投入，未将有机肥及土壤中原有的钾考虑进去）。其他营养元素就不必考虑再补充了。⑨据中国农科院研究员刘立新研究，生物菌分解有机肥可产生黄酮，氢肟酸类、皂苷、酚类、有机酸等是杀杂、病菌物质。分解产生胡桃酸、香豆素、羟基肟酸能抑草杀草。其产物有葫芦素、卤化萜、生物碱、非蛋白氨基酸、生氰糖苷、环聚肽等物，具有对虫害的抑制和毒死作用。⑩能分解作物上和土壤中的残毒及超标重金属，作物和田间常用微乐士生物菌液或用此菌生产的有机肥，产品能达到有机食品标准要求。2008—2010年山西省新绛县用此技术生产的蔬菜，供应深圳与香港、澳门地区及中东国家，在国内外化验全部合格。⑪梅雨时节或多雨区域，作物上用微乐士生物菌液，根系遇连阴天不会太萎缩，太阳出来也就不会闪苗凋谢死秧，可增强作物的抗冻、抗热、抗逆性，与植物诱导剂（早期用）和植物修复素（中后期可用）结合施用，真、细菌病害、病毒病不会对作物造成大威胁，还可控秧促根，控蔓促果，提高光合强度，促使产品丰满甘甜。⑫田间常冲生物菌液，能改善土壤理化性质，化解病虫害的诱生源，生物复合菌中的淡紫青霉菌能防止作物根癌发生发展（根结线虫）。⑬盐碱地是缺有机质碳素物和生物菌所致，将二者拌和施入作物根下，就能长庄稼，再加入少量矿物钾，3个外因能满足作物高产优质所需的大量营养，加上在苗期用植物诱导剂，中后期用植物修复素增强内因功能，作物就可以实现优质高产了。

理论和实践均证明，农业上应用生物技术成果的时机已经到来，综合说明微乐士生物菌液是有机农产品生产的主导必要物资，能量作用是巨大的，哪里引爆哪里就有收获，系有机农产品准用物资。

四、土壤保健瑰宝——赛众28钾肥

赛众28钾肥是一种集调理土壤生物系统和物质生态营养环境于一身的矿物制剂，已经北京五洲恒通认证公司认定为有机农产品准用物资。

其主要营养成分是：含硅42%，施入田间可起到避虫作用；含天然矿物速效钾8%，起膨果壮秆作用；含镁3%，能提高叶片的光合强度；含钼对作物起抗旱作用；含铜、锰，可提高作物抗病性；含多种微量和稀土元素可净化土壤和作物根际环境，招引益生菌，从而吸附空气中的养分，且能打开植物次生代谢功能，使作物果实

生长速度加快，细胞空隙缩小，产品质地密集，含糖度提高，上架期及保存期延长，能将品种特殊风味素和化感素释放出来，达到有机食品标准要求。

防治各种作物病的具体用法：

作物发生根腐病、巴拿马病。根据植株大小施赛众28肥料若干，病情严重的可加大用量，将肥料均匀撒在田间后深翻，施肥后如果干旱就适量浇水。

作物发生枯萎病。在播种前结合整地667平方米施赛众肥料50～75千克，病害较重田块要加大肥量25千克，苗期后在叶面连续喷施赛众28肥液5～8次即可防病。

作物遭受冻害、寒害。发现受害症状，立即用赛众28浸出液喷施在叶面或全株，连续5次以上，可使受害的农作物减轻危害，尽快恢复生长。

作物发生流胶病。在没有发病的幼苗施赛众28肥料可避免病害发生。已发病作物，根据发病程度和苗情一般667平方米施20千克左右，若发病重，则适当增施。

作物发生小叶、黄叶病。每667平方米田间施25千克赛众28肥料，大秧和发病重的增至40千克，同时叶面喷施赛众28肥液，每5天喷1次，连续喷施5次以上。

防治重茬障碍病。瓜、菜类作物根据重茬年限在（播）栽前结合整地，667平方米施赛众28肥料25～50千克，同时用赛众28拌种剂拌种或肥泥蘸种苗移栽。补栽时每个栽植坑用肥少许，撒在挖出的土和坑底搅匀，再用赛众28拌种剂肥泥蘸根栽植。

腐烂病防治。在全园撒施赛众28肥料的基础上，用1份肥料与3份土混合制成的肥泥覆盖病斑，用有色塑膜包扎即可。

农作物遭受除草剂或药害后的解救法。发现受害株后立即用赛众28肥料浸出液喷施受害作物，5天喷1次，连续喷洒5～7次即可，能使作物恢复正常生长。在叶面上喷植物修复素也可解除除草剂药害。

叶面喷洒配制方法。5千克赛众肥料+水+食醋，置于非金属容器里浸泡3天，每天搅动2～3次，取清液再加25千克清水即可喷施。一次投肥可连续浸提5～8次，以后加同量水和醋，最后把肥渣施入田间。浸出液可与酸性物质配合使用。

五、提高有机农作物产量的物质——植物诱导剂

植物诱导剂是由多种有特异功能的植物体整合而成的生物制剂，作物沾上植物诱导剂能使植物抗热、抗病、抗寒、抗虫、抗涝、抗低温弱光，防徒长，作物高产优质等，是有机食品生产准用投入物（2009年4月4日被北京五洲恒通有限公司认证，编号GB/T 19630.1—2005）。

据内蒙古万野食品有限公司2007年2月28日化验，叶面喷过植物诱导剂的番茄果实中，含红色素达6.1～7.75毫克/100克，较对照组3.97～4.42毫克/100克，增加了58%～75.3%（红色素系抗癌、增强人体免疫力的活力素）。所以植物诱导剂喷洒在作物叶片上就可增加番茄红色素2～3倍。同时番茄挂果成果多，可减少土壤中的亚硝酸盐含量，只有22～30毫克/千克，比国家标准40毫克/千克含量也降低了许多，同时食品中的亚硝酸盐含量也降低了许多。另据甘肃省兰州市榆中绿农业科技发展公司2000年12月21日化验，黄瓜用过植物诱导剂后，其叶片净光合速率是对照组的3.63～5.31倍。

植物诱导剂被作物接触，光合强度增加50%～491%（国家GPT技术测定），细胞活跃量提高30%左右，半休眠性细胞减少20%～30%，从而使作物超量吸氧，提高氧利用率达1～3倍，这样就可减

少氮肥投入，同时再配合施用生物菌吸收空气中的氮和有机肥中的氮，基本可满足80%左右的氮供应，如果667平方米有机肥施量超过10方，鸡、牛粪各5方以上，在生长期每隔一次随浇水冲入微乐士生物菌液1～2千克，就可满足作物对钾以外的各种元素的需求了。

作物使用植物诱导剂后，酪氨酸增加43%，蛋白质增加25%，维生素增加28%以上，就能达到不增加投入、提高作物产量和品质的效果。

光合速率大幅提高与自然变化逆境相关，即作物沾上植物诱导剂液体，幼苗能抗7～8℃低温，炼好的苗能耐6℃低温，免受冻害，特别是花芽和生长点不易受冻。2009年河南、山西出现极端低温-17℃，连阴数日后，温室黄瓜出现冻害，而冻前用过植物诱导剂者则安然无恙。

因光合速率提高，植物体休眠的细胞减少，作物整体活动增强，土壤营养利用率提高，浓度下降，使作物耐碱、耐盐、耐涝、耐旱、耐热、耐冻。光合作物强、氧交换能量大，高氧能抑菌灭菌，使花蕾饱满，成果率提高，果实正、叶秆壮而不肥。

作物产量低，源于病害重，病害重源于缺营养素，营养不平衡源于根系小，根系小源于氢离子运动量小。作物沾上植物诱导剂，氢离子会大量向根系输送，使难以运动的钙、硼、硒等离子活跃起来，使作物处于营养较平衡状态，作物不仅抗病虫侵袭性强，且产量高，风味好，还可防止氮多引起的空心果、花面果、弯曲果等。这就是植物诱导剂与相应物质匹配增产优异的原因。

一是因为碳素物是作物生长的三大主要元素，在作物干物质中占45%左右，应注重施碳素有机肥。二是因为微乐士生物菌液与碳素物结合，益生菌有了繁殖后代的营养物，碳素物在益生菌的作用下，可由光合作用利用率的20%～24%提高到100%，76%～80%营养物是通过根系直接吸收利用，所以作物体生长就快，可增加2～3倍，我们要追求果实产量，就要控制茎秆生长，提高叶面的光合强度，植物诱导剂就派上用场，能控秧促根，控蔓促果，使叶茎与果实由常规下的5∶5，改变为3～4∶6～7，果实产量也就提高20%～40%。

植物诱导剂1200倍液，在蔬菜幼苗期叶面喷洒，能防治真、细菌病害和病毒病，特别是西红柿、西葫芦易染病毒病，早期应用效果较好。作物定植时按800倍液灌根，能增加根系0.7～1倍，矮化植物，营养向果实积累。因根系发达，吸收和平衡营养能力强，一般情况下不沾花就能坐果，且果实丰满漂亮。

生长中后期如植物株徒长，可按600～800倍液叶面喷洒控秧。作物过于矮化，可按2000倍液叶面喷洒解症。因蔬菜种子小，一般不作拌种用，以免影响发芽率和发芽势。粮食作物每50克原粉沸水冲开后配水至能拌30～50千克种子为准。

具体应用方法：取50克植物诱导剂原粉，放入瓷盆或塑料盆（勿用金属盆），用500克开水冲开，放24～48小时，兑水30～60千克，灌根或叶面喷施。密植作物如芹菜等可667平方米放150克原粉用1500克沸水冲开液随水冲入田间，稀植作物如西瓜667平方米可减少用量至原粉20～25克。气温在20℃左右时应用为好。作物叶片蜡质厚如甘蓝、莲藕，可在母液中加少量洗衣粉，提高黏着力，高温干旱天气灌根或叶面喷后1小时浇水或叶面喷一次水，以防植株过于矮化并提高植物诱导剂效果。植物诱导剂不宜与其他化学农药混用，而且用过植物诱导剂的蔬菜抗病避虫，所以技术也就不需要化学农药。

用过植物诱导剂的作物光合能力强，吸收转换能量大，故要施足碳素有机肥，按每千克干秸秆长叶菜10～12千克，果菜5～6千克投入，鸡、牛粪按干湿情况酌情增施。同时增施品质营养元素钾，按50%天然矿物钾100千克，产果瓜8000千克，产叶菜1.6万千克投入，每次按浇水时间长短随水冲施10～25千克。每间隔一次冲施1～2千克，提高碳、氢、氧、钾等元素的利用率。

2010年山西省新绛县南王马村和襄汾县黄崖村用生物技术，夏秋西红柿667平方米产1万～2万千克，而对照全部感染病毒病而拔秧。

六、作物增产的"助推器"——植物修复素

每种生物有机体内都含有遗传物质，这是使生物特性可以一代一代延续下来的基本单位。如果基因的组合方式发生变化，那么基因控制的生物特性也会随之变化。科学家就是利用了基因这种可以改变和组合特点来进行人为操纵和修复植物弱点，以便改良农作物体内的不良基因，提高作物的品质与产量。

植物修复素的主要成分：B-JTE泵因子、抗病因子、细胞稳定因子、果实膨大因子、钙因子、稀土元素及硒元素等。

作用：具有激活植物细胞，促进分裂与扩大，愈伤植物组织，快速恢复生机；使细胞体积横向膨大，茎节加粗，且有膨果、壮株之功效，诱导和促进芽的分化，促进植物根系和枝杆侧芽萌发生长，打破顶端优势，增加花数和优质果数；能使植物体产生一种特殊气味，抑制病菌发生和蔓延，防病驱虫；促进器官分化和插、栽株生根，使植物体扦插条和切茎愈伤组织分化根和芽，可用于插条砧木和移栽沾根，调节植株花器官分化，可使雌花高达70%以上；平衡酸碱度，将植物营养向果实转移；抑制植物叶、花、果实等器官离层形成，延缓器官脱落、抗早衰，对死苗、烂根、卷叶、黄叶、小叶、花叶、重茬、落铃、落叶、落花、落果、裂果、缩果、

果斑等病害症状有明显特效。

功能：打破植物休眠，使沉睡的细胞全部恢复生机，能增强受伤细胞的自愈能力，创伤叶、茎、根迅速恢复生长，使病害、冻害、除草剂中毒等药害及缺素症、厌肥症的植物24小时迅速恢复生机。

提高根部活力，增加植物对盐、碱、贫瘠地的适应性，促进气孔开放，加速供氧、氮和二氧化碳，由原始植物生长元点，逐步激活达到植物生长高端，促成植物体次生代谢。植物体吸收后8小时内明显降低体内毒素。使用本品无须担心残留超标，是生产绿色有机食品的理想天然矿物物质。

用法：可与一切农用物资混用，并可相互增效1倍。

适用于各种植物，平均增产20%以上，提前上市，糖度增加2度左右，口感鲜香，果大色艳，保鲜期长，耐贮运。

育苗期、旺长期、花期、坐果期、膨大期均可使用，效果持久，可达30天以上。

将胶囊旋转打开，将其中粉末倒入水中，每粒兑水14～30千克叶面喷施，以早晚20℃左右时喷施效果为好。

总而言之，应用五大要素整合创新技术，可以使土壤健康，从而打开植物的二次代谢功能，提高产量。

西方观念对疾病的处理态度是清除病毒病菌，从用西药到切除毒物均是缘于这种观念，所以在生产有机蔬菜上是讲干净环境，无大肠菌，从用化肥、化学农药到禁用化学农药与化肥，在作物管理上是跟踪、监控、检测，产量自然低，品质自然差。

中国人的观念是对病进行调理，人与自然要和谐相处，包括病毒、病菌、抗生素和有益菌。所以，中国式传统农业是有机肥+轮作倒茬，土壤和植物的保健作业。在生产有机食品上的现代做法是，碳素有机肥+微乐士生物菌液+植物诱导剂+赛众28等。主次摆正，缺啥补啥，扬长补短。

在栽培管理上，注重中耕伤根、环剥伤皮、打尖整枝伤秧、利用有益菌等，打开植物体二次代谢功能而增产，保持产品原有风味。

中国农业科学院土肥所刘立新院士从2000年开始提出用农业生产技术措施，在生产有机农业产品上意义重大。他提出"植物营养元素的非养分作用"，就是说作物初生根对土壤营养的吸收利用是有限的，而通过育苗移栽，适当伤根，应用有益生物菌等作物根系吸收土壤营养的能力是巨大的，这就是植物次生代谢功能的作用。

用有益菌发酵分解有机碳素物，是选择特殊微生物，让作物发挥次生代谢作用，可以实现营养大量利用和作物高产优质。比如秸秆、牛粪、鸡粪施在田间后，伴随冲施微乐士生物菌液，作物体内营养在光合作用大循环中，将没有转换进入果实的营养，在没有流向元点时，中途再次进入营养循环系统去积累生长果实，即二次以后不断进行营养代谢循环，就能提高碳素有机物利用率1～3倍，即增产1～3倍。

作物缺氮不能合成蛋白质，也就不能健康生长，影响产量。施氮，其中的硝酸盐、亚硝酸盐污染作物和食品，使生产有机食品成为一个难题。而用微乐士生物菌液+氨基酸与有机碳素物结合，成为生物有机肥，可以吸收空气中的氮和二氧化碳，解决作物所需氮素营养的40%～80%，加之有机肥中的氮素营养，就能满足作物高产优质对氮的需要。在缺钾的土壤中施钾；用植物诱导剂控秧促根，提高光合强度，激活叶面沉睡的细胞；微乐士生物菌液在碳素有机肥的环境中，扩大繁殖后代，可比对照增产1～5倍；其中的原因就是微乐士生物菌液打开了植物二次代谢物质充足供应的重要作用。

有机肥内的腐植质中含有百里氢醌，能使土壤溶液中的硝酸盐在有益微生物菌活动期间提供活性氢，在加氢反应后还原成氨态氮，不产生和少产生硝酸盐，植物体内不会大量积累这类物质，土壤健康，植物就健康；食品安全，人体食用后也就健康。

土壤中有了充足的碳素有机肥、微乐士生物菌液和赛众28矿物营养肥，土壤就呈团粒结构良好型、含水充足型、抗逆型、含控制病虫害物质型。

其中分解物类有黄酮、氢肟酸类、皂苷、酚类、有机酸等有杀杂菌作用的物质；分解产生的胡桃酸、香豆素、羟基肟酸，能杀死杂草；其产物中有葫芦素、卤化萜、生物碱、非蛋白氨基酸、生氰糖苷、环聚肽等物质，具有对虫害的抑制和毒死作用。

有机碳素肥在有益菌的作用下，与土壤、水分结合，使植物产生次生代谢作用形成氨基酸，氨基酸又能使植物产生丰富的风味物质，即芳香剂、维生素P、有机酸、糖和一萜类化合物，从而使农产品口感良好，释放出品种特有的清香酸甜味。

日本专家认为，过去土壤管理存在失误，被非科学"道理"忽悠着，钱花了、色绿了、作物长高了，产量却徘徊不前，甚至品质下降了，病虫害加重了。化学物的施用，成本高了、污染重了，农业生产出次品，人吃带毒食品，后代健康受到巨大影响。

土壤中凡用过化肥、化学农药的，其作物就具有螯合的中微量元素，即具有供应电子和吸收电子功能，导致元素间互相拮抗，从而闭合植物的次生代谢功能，自然营养利用率就低。而给土壤投入微乐士生物菌液和赛众28矿物营养肥，打开作物次生代谢之门，化感物质和风味物质就会大量形成，栽培环境就成为生命力强的土壤健康状态。

第三章

温室、拱棚设计建造

在前文的第二章第五节，我们简要介绍了温室、拱棚的设计建造内容，这章我们将对这方面内容进行具体介绍。

一、鸟翼形日光温室设计原理和标准

1. 设计原理

日光温室是以太阳光为能源增加室内温度和光照的生产设施。室内光照主要取决于太阳的光照强度和温室对阳光的透过率。光照强度又随季节、时间、纬度和天气状况而变化。因此，日光温室在采光设计上，要求温室能在一定条件下，具有较好的接受太阳辐射的强度、较多的透光能力及较大的受光面积。

2. 温室的光源

温室靠太阳的辐射创造作物生长环境，太阳辐射是由波长不同的光组成的连续光谱。波长0.3～0.4微米为紫外线，其能量约占太阳辐射能的1%～2%，有杀菌和抑制作物徒长的作用；波长0.4～0.76微米为可见光线，包括红、橙、黄、绿、青、蓝、紫7种颜色，占太阳辐射能的40%～50%；波长0.76～3.0微米是红外线，约占有50%，温室吸收后转化为热能，提高环境温度，从而保证温室作物的生长。

3. 采光原理

温室的使用主要在晚秋、冬季和早春。设计重点是让温室有最大的受光面，接受阳光的辐射而增加温室的温度。要注意以下3个方面。

（1）温室的方位：在晋南地区，通过几年来的实践证明，冬季生产的温室，方位偏西能增加光照时间，起到保温和增温作用。

（2）温室的坡面形状：温室形状呈鸟翼形（圆弧形）。该坡面形状设计合理，采光性能好，薄膜绷得紧，综合效果好。

（3）温室屋面角：屋面角与吸收率、反射率和透光率的关系是：吸收率＋反射率＋透光率＝100%。太阳向地面的辐射能量是固定的，而同一种覆盖物的吸收率也是固定不变的。因此，反射率越大，透过率就越小，反射率与透光率成反比。入射角（即棚面上下垂直线与太阳光线夹角）与光线的关系一般是：当入射角在0°～40°的范围内，入射角增大，透光率变化不大；当入射角40°～60°时，透光率随入射角加大而明显下降；当入射角由60°增加到90°时，透光率急剧下降，入射角为0°时，太阳直射光线与棚面成90°，光入射率达86.45%（具体参见表1）。

表1　太阳光在不同投射角的入射率与反射率

太阳光投射角度	光入射率（%）	光反射率（%）
90°≈入射角0°	86.48	0
80°	84.32	2.5
70°	84.23	2.6
60°	84.15	2.7
50°≈入射角40°	83.54	3.4
45°	82.59	4.5

太阳光投射角度	光入射率（%）	光反射率（%）
40°	81.55	5.7
30°	76.79	11.2
20°	67.28	22.2
15°	60.54	30.0
10°	50.05	41.2
5°	39.52	54.3

在北纬32°～43°的高纬度地区，如按60°～70°投射角设计，温室棚面自然透光率高，但因前坡陡，中脊高，栽培床面积小，保温性差，加之在冬至前后弱光季节里，每天达40°入射角（或50°投射角）时间很短，采光并不理想，如果把计算合理的角度再加大5°～10°，则能延长4小时左右的光照。故在入射角不大于40°的基础上再减5°～10°，即为合理的入射角参数30°～35°。

在北方多数地区，日光温室是在晚秋、冬季及早春使用。其间是以冬至时的太阳高度最低。因此，以冬至时的太阳高度为依据，来确定温室的屋面角，使之与冬至时的太阳光线有一个理想的屋面角。其计算公式如下：

H＝90°－φ＋S（用此公式可求出任一纬度、任意节气的中午时刻太阳高度角）

H—冬至正午时刻太阳高度角；φ—当地纬度；S—赤纬度。

北半球冬至−23.5°，晋南地区地理纬度35°，则冬至时的H＝90°−35°＋（−23.5°）＝31.5°；由于入射角小于40°，光线的透过率与入射角为0°时透光率相差不大，所以晋南地区冬至时的理想棚面角A＝90°−31.5°−（30°～40°）＝18.5°～28.5°，所以在晋南地区建温室，只要棚面角度在18.5°～28.5°左右，就可以获得最大的透光率，温室里光照强度也就最大。由于棚面角和棚前檐切角相同，所以晋南地区冬至时最佳前檐内切角为18.5°～28.5°；又因为以跨度8米、脊高3米为设计基点，其采光坡面要求略呈圆弧拱形，植物光合作用主要利用散光产生热能，为此，棚南沿内切角28°～30°为最佳。

4.标准规格

根据北方冬季蔬菜生产需要，抓住温室采光与保温两个关键环节。采光以冬至时节为标准，根据地理纬度计算的太阳高度、入射角度，确定温室方位和屋面角度，使太阳光线辐射至温室内达最佳值，温室温度达到最高。又通过经济合理的围护结构，最大限度地减少热量传导、强化保温作用，这就是最佳的优化温室结构。根据晋南地区的纬度、土壤冻层和气候变化，科学地确定了"七度"横切面鸟翼形的标准规格温室，即：温室跨度8.2米，地平面与棚顶高度3米，后墙高度1.5～1.85米，墙厚度1～1.2米，后坡内角45°，投影0.8米，前棚面呈圆弧形结构，南沿立柱0.8米，前坡切角度28°～30°。整个温室座北向南，建筑方位为正南偏西5°～10°，便于延长深冬午后光照时间，以便于更多的蓄积热量，提高夜温。长度80米，热容大，便于计算。故笔者认为：一般在纬度40°以南，常年很少出现-20℃的地区则以大跨度效益为佳，晋冀鲁南及陕甘豫黄淮流域，海拔不超过1000米的地区，均宜发展此规格温室。

5.鸟翼形半地下式生态温室建造成本明细（2010年9月）

标准温室 墙体内高3.3米，外高2.4米，棚脊内高4米，墙底厚4.5米，顶宽1.8米；钢梁间距3米，跨度9米，长度100米（栽培面积约1.3亩，867平方米），方位正南偏西7°～9°，前沿内切角30°～40°。

土方工程 （100+9）米×60元/米=6540元。

钢架 （上弦直径1寸、钢皮厚2.5毫米钢管，下弦直径12毫米螺纹圆钢，W型减力筋直径10毫米圆钢），222.5元/架×30架=6675元。

坡梁 （12厘米×7.5厘米×1.8米），18元/根×59根=1062元。

立柱 立柱Ⅰ：4.3米×6元/米×59根=1522元；立柱Ⅱ：3.8×6元/米×30根=684元。计：2206元。

竹竿竹片 竹竿（6米～7米长），4.9元/根×310根=1519元；竹片（3米+3米+4米），2.7元/根×100根=270元。计：1789元。

钢丝 （天津热镀锌，国标12#），310千克×7元/千克=2170元。

铁丝 12# 50千克×6元/千克=300元；14# 50千克×6元/千克=300元。计：600元。

草苫 （10.5米×1.5米×3.5厘米～4厘米），100卷×65元/卷=6500元。

后坡 后坡苫（8米×1.4米×2厘米）15卷×40元/卷=600元；后坡膜（0.06～0.08毫米厚），400平方米×1.6元/平方米=640元。计：1240元。

棚膜 无滴膜（0.08～0.12毫米厚），前片 918平方米×1.8元/平方米=1653元；后片 240平方米×1.8元/平方米=432元。计：2085元。

苫绳 每卷1根10元，100卷×10元/根=1000元。

压膜绳 纤维布合成绳（11.5米/根），60根×5元/根=300元。

排气口绳 （15米/根），19根×4元/根=76元。

砖 1200块×0.18元/块=216元。纤维条（袜口）60元。地锚材料100元。计：376元。

卷帘机 包括安装费，4000元。

人工费 100米×40元/米=4000元。

以上各项合计：40 619元。

总造价 40 619×（1+5%）=42 750元（前期规划、放线、价

格浮动及其他不可预见因素加5%）。

国家农机补贴额：

钢梁 62.5元/根×30根＝1875元。

卷苫机 3200元，计：5075元。

农机补贴后总投资：

42 750元－5075元＝37 675元（合667平方米2.9万元）。

二、两膜一苫拱棚建造规范与应用

两膜一苫保护地设施发源于安徽，由于两膜一苫所生产的鲜嫩蔬菜多在我国蔬菜高值期上市，产量质量比温室还好，且管理方便，投资低廉。近几年从苏北、鲁西南向豫东、豫北、晋冀鲁南蓬勃发展。其结构不尽相同，改进速度较快。

长江流域及以南最低气温在－5～5℃，1.5万勒克斯以上光照强度在100天左右，空气湿度为65%～85%的环境有200天以上，土壤透气性较差，其作物生长的劣势是病虫害严重，产品品质差，产量低。其优势是地下水位高，可诱根深扎，少浇水；蔬菜色泽鲜艳。而用生物技术可弥补以上环境劣势造成的诸多问题，较过去的化学农业技术，提高产量3倍左右。长江以南雨水多，昼夜温差小，选择两膜一苫拱棚，大棚外层膜能避雨，防止田间积水过高使作物染病。小棚膜能保墒，使大棚膜直射光线转换成散射光线，提高小棚内温度和叶面光合强度。在最冷的40天左右里，即外界温度－5～5℃时节，傍晚在小棚上覆盖草苫，保证棚内最低温度在8～12℃，就能使各种作物正常生长。

大棚选择荷兰组装式结构，拱圆型即高2.0～2.2米，宽7～9米，每1.2米一根拱架，拱架两侧内倾斜30°。拱架用直径2～2.5厘米E型钢管，也可用3厘米直径的寸管做上弦，W型减力筋和下弦用10#钢材焊接，梁与梁间用12#铁丝联结固架。上覆0.01毫米厚塑料膜，能抗当地最大风速风力为准。

大棚内设两个鸟翼形小棚，棚宽3～4米，高1.5米，最高点距北边1米左右，棚横切面呈鸟翼形，用竹木或钢材做骨架，上覆0.007～0.01毫米厚的塑膜，覆3厘米左右厚的草苫，小棚骨架以能承受草苫压力为准，白天草苫放在小棚北边地上，也可在1米高处支一门字形架，将草苫放在架上。

1. 走向

东西长、南北向的拱棚，北边升温快、受光弱；南北长、东西向的拱棚，冬季和早春温度均匀，整体受光弱，蔬菜生长比较整齐，便于一次性采收上市，二者在产量和效益上差幅不大。

南北向便于在北边设支苫架，固定北边1.3米高的草苫，避风向阳。

2. 棚距

东西向拱棚，在低温弱光期和地区，棚距不低于棚高，如果在棚北设置风障，两棚间距要达4米，防止互相遮阴。东西向的拱棚间距3米。矮小棚，耐寒喜荫冷的蔬菜可不考虑间距，如甘蓝、韭菜、芹菜等。

南北向拱棚，南边棚距离不少于1.5米，东边棚距离最好达3米。

跨高度两膜一苫拱棚要体现棚高1.3～1.5米，便于拉放草苫，升温快、低温期保温时间长，排湿方便和适温期昼夜温差大，可防病害、提高产量等特点。还要考虑冬季不会积雪压塌棚，跨度以5.5～6米为佳。

3. 钢材结构

南北向的小棚最高点往北偏1.2米；东西向小棚和高度在2.2～

2.5米的大棚为等量拱圆。上弦用直径1.6厘米的管材，下弦用10#圆钢，上下弦距中部为30厘米，下部即两端为20厘米，W型减力筋用12#圆钢焊接。钢架每米造价11元左右。

拱梁间距3.6米，每40厘米用12#铁丝1根，顺棚长将钢架联结；两端用15~20千克的石头将铁丝捆牢，入坑换土夯实。梁间用粗头2厘米的竹杆，每米1根固定在铁丝上。梁两端用三层砖填实固定。为便于移动骨架，2~4个钢架从两端用12#圆钢拧合在一起，便于稳固与迁移。

4. 竹木结构

选用粗头为30厘米周长，长7米，厚1厘米的竹杆，劈成4片，握成拱圆形，中间支一立柱，两侧撑木棍，并顺棚长设3~4道拉杆或铁丝联结即成。

5. 扣膜

小棚和内棚一般跨度为5.5米，选用7米宽幅薄膜，越冬栽培喜温性蔬菜，宜用紫光膜和聚氯乙稀膜，棚内温度高1~3℃。早春和延秋栽培耐寒性蔬菜选用聚乙稀膜即可。要选择0.08~0.12毫米厚膜，以免过薄易被草苫划破跑温。大棚外膜宜用抗耐老化的薄膜，菜顶覆膜可选择0.03毫米的聚乙稀膜即可。

6. 设架盖苫

待晚上最低气温下降到5~6℃时盖草苫。选7米长，1.3~1.5米宽，3~4厘米厚的稻草苫。在棚北或西边，用木棒或粗竹杆设一道支苫架。立杆高1.5~1.8米，横杆4~6米，捆成"H"字架，放在棚外，压在昼夜不动的北边1.3米高草苫上。早上用绳子将草苫拉起，卷放在支架与棚北凹处，傍晚用一木棍头钉一小板，轻推草苫盖棚，操作方便快捷。

三、三膜一苫双层气囊式鸟翼形大棚建造与应用

"三膜一苫"大棚设计与应用，是根据晋南气候特点、蔬菜生物学特性以及11月至翌年4月的蔬菜价格规律创造的投资小、管理简单、适宜作物控病促长的生态环境，可谓农业先进生产技术。

1. 自然环境特点与应用优势

影响冬季蔬菜产量的主要因素是光照和温度。晋南处于北纬35°，属大陆性气候，是全国光照和昼夜温差最佳地区，冬季（12月至翌年2月）平均光照强度1.3万勒克斯，晴朗时高达3.2万勒克斯，而蔬菜生长的下限光照要求为9000勒克斯，上限光照要求为5万～7万勒克斯，光补偿点为2000勒克斯。三层覆盖透光率达72%，比温室单层膜少8%～10%，但受光时间增加11%，作物进入光合作用温度适期增加17%，可满足蔬菜光合作用下限要求。4～6月份光照强度达8万～10万勒克斯，"三膜一苫"可挡光照20%～30%，起到遮阳降温的作用，使蔬菜在较适宜的光照强度下延长生长期。晋南冬季昼夜温差23～26℃，极端最低温度-15～-17℃，最高温度22℃，室内可达28～30℃，而蔬菜产品积累的标准昼夜温差为17～18℃，三层覆盖能将昼夜温差调节到适中要求，系晋南气候环境独特的两大应用优势。

2. 基本构造与保温理论依据

"三膜一苫"按跨度7.2米、脊高2.5米做棚架，最高点偏北1.2米。钢架结构上弦用3.08厘米的管材，下弦用1.5厘米见方的钢筒，上下弦距30厘米，W型减力筋用12#圆钢焊接，在下弦方筒上，每隔40厘米打一螺丝孔，用来固定内层膜。水泥预制棚架要按长6.6米、高1.9米，最高点偏北1米做一个竹木结构无支柱骨架，扣第二层膜。两端各设一根水泥柱固定棚体，并设门以利通风换气。

小棚按5.5~6米跨度、1.5米高、7~7.5米长、6~7厘米宽、1厘米厚的竹片做棚架，间距1米左右，棚内设3道立柱支撑。棚北边插木棍，固定棚体和北端1.5米高的草苫，用7~7.5米长、1.3米宽、4厘米厚的稻草苫，在棚温降到8℃以下时早揭晚盖。

11月上旬扣外膜，11月下旬扣内膜，12月中旬至翌年2月扣小棚盖草苫，3月下旬撤草苫与小棚。

经测试，大棚内外膜中间0.3米形成一个隔温气囊，缓冲保温达4~7℃，内棚与小棚间又有一个0.7米的空间，减少空气对流，可缓解和减少热能散失5~8℃，小棚内几乎无空气对流现象，可达到保温抗寒的效果。"三膜一苫"在严寒季节隔绝热量外导，避免草苫被雨淋、雪湿、霜冻、风刮等失热弊端。

四、鸟翼形无支柱暖窖设计建造与应用

鸟翼形大暖窖是将鸟翼形标准温室在尺度上压缩了的设施，造价是日光温室的1/2~1/4，但其产出的效益并不比日光温室低，是目前值得大力推广的一种设施。

这种大暖窖因其结构稍有区别，在东北叫立壕子，山东称暖棚，晋南叫温棚，无后坡或短后坡；河北叫暖窖，类型多种多样。

暖窖按其跨度分大、小两类，按后坡分有、无固定后坡两类；按墙体分固定土墙和不固定禾秆墙两类。

现根据华北地区气候，利用9、10、11月份和2、3、4月份，昼夜温差大，光照适中，夜温偏低，蔬菜价格高，即12月底至翌年3月底高出夏秋菜价格的10~30倍等特点，制定出可越冬和延秋续早春栽培共用的大暖窖造形。

1. 标准规格

鸟翼形暖窖标准规格：①跨度6.6米，过大温棚南端蔬菜生长

不良，易受冻害。②地平面与棚顶高1.7米，比日光温室2.85～3.3米低1.15～1.6米，栽培床低于地平面30厘米，散热慢，保温高1倍左右。③墙厚0.8～1米，是当地最大冻土层的4倍左右。④后墙高1.1米，背风、阳光射入栽培床升温快，蔬菜进入光和适温每天可延长30～40分钟。⑤前坡内切角50°～58°，能获得冬至前后最大入射角，因太阳入射角与内切角一样，以58.5°为最佳。⑥长度30～50米，因冬季三面墙散热保护范围为20～25米，低于30米山墙遮阳时间长，大于60米，中部易产生低温障碍。⑦建筑方位正南偏西5°～7°，便于延长深冬午后光照时间，以便更多的蓄积热量，提高夜温。⑧后坡内角45°，可在南沿1.5米处和5米处形成两个受光带，窖内形成两个蔬菜高产带。笔者认为：一般在北纬40°以南，常年很少出现-20℃地区，　即晋冀鲁南及陕甘豫黄淮流域，海拔不超过1000米的地区，均宜发展此规格暖窖，温差可达28～30℃，是低投资高收益设施。

2. 无支柱暖窖建造技术

325号或425号水泥1份，0.5厘米石子5份，细沙3份。拱梁模具长7.6米，内宽5厘米，前端厚10厘米，中端13厘米，后端15厘米，顶端弯角处20厘米，内置3根直径6.5毫米钢丝，下二上一，用细铁丝编织固定，护养凝固后，用水泥砖砌固定端，间距1.4米，每50厘米用一根12#钢丝东西拉直固定。后坡不处理，晚上用草苫护围即可。

特点：墙厚1米，贮温防寒；后墙高1.1米，背风；后屋深90厘米，便于拉放草苫；跨度6.6米，保证耐寒性蔬菜苗不受冻；脊高1.9米，作物进入光合作用适温早，时间长；后坡不处理，便于降温，昼夜温差大，利用产品形成，控制病虫害；无支柱，耕作方便，造价7000元左右。适宜延秋茬续早春茬一年两作各类蔬菜栽培。

3. 蔬菜栽培要点

以辣椒为例，越冬茬辣椒9月育苗，11月定植，元月上市，667平方米产3500千克，收入1万～1.7万元，12月至翌年元月需用蜂窝煤炉或木炭在晚上加温，因空间矮小比日光温室加温效果好，辣椒不宜受低温影响成僵果。早春茬辣椒在12月份育苗，2月份定植，11月份结束，667平方米产5000千克，收入1万元左右。

怀揣国计民生之情　劲干积德行善之业

陈冬至

在这激情飞扬、充满热情与向往的夏日，山西昌鑫生物农业科技有限公司"2012年战略合作伙伴峰会"，在"经纬之地，富泽之乡"山西阳泉隆重召开。在此，我谨代表昌鑫伟业集团和昌鑫生物董事会及全体员工，向前来参加本次大会的领导、专家、经销商、新闻媒体等各位来宾表示热烈的欢迎和衷心感谢！

随着现代农业科技的进步，一个崭新的低碳环保农业时代已经来临。低碳意味着环保、节能减排，意味着生产、生活方式和价值观念的转变，更意味着传统农业施肥方式的变革。在这场汹涌澎湃的农业变革中，"昌鑫"公司积极响应阳泉市委、市政府转型跨越号召，率先进行转型跨越，公司抓住国家扶持和倡导的七大新兴产业之一的生物产业发展机遇，经过8年的默默耕耘，终于以中国菌肥行业领军企业的身份，走到了行业的前沿。

新思维带来新行业，新产品带来新商机，"不一样的肥料、不一样的精彩"，昌鑫人之所以选择不一样的新型生物肥料产业作为公司的战略发展方向，一是因为新型生物肥料可以为国家节约大量的战略

有机**蔬菜**标准化高产栽培

资源；二是新型生物肥料可以修复土壤、改良土壤；三是新型生物肥料能在节约投入成本的前提下实现增产增收；四是施用新型生物肥料的农产品能够达到或超过绿色食品或有机食品标准，彻底改变长期施用化肥带来的瓜不甜、菜不香、粮无味状况。所以说，不一样的新型生物肥料产业不仅仅是"昌鑫"的选择，更是整个中国农业未来的必然选择。

昌鑫生物从建立之初，就立足于生活有机能源的农业循环再利用的行业制高点，突破高能耗和低利用率的传统化学肥料围城，坚持走自主创新与产学研相结合的道路。公司在发展之初就建立了"山西舜天农业微生物科学技术研究院"，与中国科学院院士陈文新等多位著名的土壤与环境微生物学、生物工程学和土肥学专家和教授结成战略联盟，共建研发平台。并与国内外多家高校和科研机构建立了紧密的战略或科研合作关系，目前公司已拥有"多种微生物制备复合生物菌肥的方法"等27项自主专利技术。2011年公司自主研发的技术项目荣获全国"十一五"职工优秀技术创新成果一等奖。目前公司注册资金7579万元，总资产3.5亿元，山西生产基地一期工程年生产能力40万吨，是国内目前规模最大的新型肥料生产基地。公司计划在2013年投资兴建年产60万吨的二期工程，届时新型肥料总产量将达100万吨。公司还将在生物农药、生物饲料、生物饮料、生物油料和生物燃料等领域开展广泛而深入的研究，打造完整的微生物产业价值链，力争成为中国规模最大的生物园区和技术最先进的生物产业基地。除了生物肥料，我们还将在生物饲料、生物农药等领域上研发创新，逐步形成以微生物为基础的农业产业价值链，力争成为中国规模最大、实力最强的农业微生物科学技术产业园区。此外，公司IPO上市计划已经全面启动，完成融资战略后，新型生物肥料生产基地将按照年产100万吨的规模在全国范围内布局。作为可持续农业、绿色农业、有机农业和生态农业的先行者，昌鑫人不仅致力于打造国内领先、世界一流的新型肥料生产基地，更要打造完整的微生物产业链。

（作者为昌鑫生物董事长，

于2012年7月6日山西战略合作伙伴峰会）

生物有机肥的特效性与有效性

高淑英

第一，昌鑫生物肥的特效性

昌鑫生物肥是一种什么样的生物肥料？昌鑫生物肥特效性研究的内含是什么？都有哪些创新点？

我们说：昌鑫生物肥是"三维一体，三效合一"的创新型生物有机肥料。"三维一体"即菌菌复合+载体复合+生化复合=全元素复合的生态营养体；"三效合一"即无机肥的速效+有机肥的缓效+生物肥的长效=昌鑫生物有机肥的特效。我们在研制过程中主要突出了以下4个创新点：

菌菌复合　好氧菌与厌氧菌复合，而好氧菌又是由选用的多种芽孢杆菌发酵制成的好氧菌群；厌氧菌也是由多种益生菌发酵制成的厌氧菌群。然后将这两种菌群复合制成多功能、高活性的菌与菌复合剂。这种多功能、高活性菌群效应具有强化土壤养分、转化植物养分与平衡供应的作用。

载体复合　根据不同地区、不同生物资源条件，选择高有机质、碳素物、腐植酸含量的废弃物，如腐植酸型——草炭、煤泥、褐煤、风化煤等，有机肥源型——禽畜粪、蚕粪、蚯蚓粪、城市生活垃圾等，高碳素物型——农作物秸秆、工农业生产的下脚料，经无害化处理后都能作各种生物肥的复合载体。可以说生物肥的吸附载体的自然资源是取之不尽用之不竭的，只要坚持与大自然体系协作，很多废弃物质都可以变废为宝。既改善生态环境又能通过施肥不断为大地充填有机物质。在山西采用了酒糟、醋糟、褐煤、风化煤、糠醛渣、禽畜粪、农作物的秸秆等作为载体、获得了显著肥效。

生化复合　生化复合有利于提高肥料利用率；生化配合生产出多种养分含量不同的生物有机肥。

特殊的发酵工艺　保证产品高活性、高含量，保持菌群互惠、协同组合、互不拮抗、和谐共生。对选用多种芽孢杆菌采用单株接种好氧发酵，获取大量活性细胞体；对选用的大量益生菌采用复合接种，厌氧发酵，获取大量高活性的生物代谢能；对真菌、放线菌采用双双株或多菌株复合接种，强化、驯化培养，消除拮抗性，发挥菌群优势。

第二，昌鑫生物肥产品的目标效果

经过3～4年在河南、河北、山东、山西、黑龙江五省多点试验示范，昌鑫生物肥功能特点突出，远远超过了预定的目标要求，主要有以下4个特点：

修复土壤，培肥地力　昌鑫生物肥施入土壤能与土壤中有益微生物共同繁殖，抑制病原菌的生长，防止土病。这种菌群效应产生的大量生物活性物质及有机酸、维生素、吲哚、激素等，还能逐步把土壤固定的磷、钾元素释放转化出来，为植物提供全价养分，同时还能活化和修复土壤，把土壤变成了门类齐全的营养库，构建生态安全的耕作屏障。具有很强的改善修复土壤、培肥地力的功效。

促增产、保丰收　昌鑫生物肥含菌量高、固氮活性强。所有系列产品中有效活菌数及各项技术指标，经检测都能达到或超过国家农业部强制性的行业标准要求。有的有效活菌数含量高出行业标准几倍至十几倍，保证了昌鑫生物肥的有效性。

抗逆性增强、病虫害减少　昌鑫生物肥中的优势菌群能刺激植物根系发达，保水保肥，增强农作物抗重茬、抗寒、抗旱、抗倒伏、防病壮苗、降低发病率。

提高作物品质、保障食品安全　施昌鑫这种多功能、多元素生物有机肥，均衡了土壤养分的供应，农产品的品质显著提高。经检测农产品中的硝酸盐、亚硝酸盐、重金属等有害物质残留明显下降，瓜果蔬菜、粮食等农产品中的叶绿素、维生素C、多糖、多种氨基酸、蛋白质、支链淀粉等养分增高，未检出农药化肥残留，达到了绿色食品标准，保证了食品安全。

第三，昌鑫生物肥的应用研究及注意事项

生物有机肥的应用方法简便　昌鑫生物肥颗粒剂，不改变农民朋友施化肥的习惯，可以随机播种作基肥、种肥、追肥之用；其他系列产品都有说明书，只要按说明施用就会有满意的效果。

施肥量　各地可根据当地土壤条件和不同作物的养分需要自行调节，如遇白浆土、盐碱地、黄土岗、山石坡等，应适当放大施肥器的口径，采用破垄夹肥的方法再增加20%～30%的施肥量，都有好收成。

使用　昌鑫生物肥系列产品中的活性菌在20～30℃之间最活跃，给植物提供的养分也最充分。在北方"春脖子长"遇大风干旱、气温底的环境下，出现幼苗发黄时，不要急于追化肥。可适宜时喷洒复合微生物液肥或及时滴灌，进行根外追肥，但浓度要淡（按使用说明使用）。施用昌鑫系列生物肥，对人、畜、农作物，无毒、无害、无副作用，安全可靠，是人们赖以生存的战略资源！

（作者为昌鑫技术专家组组长、绿洲源生物研究所所长，

于2012年7月16日山西战略合作伙伴峰会）

开发生物有机肥料及创新整合技术
发展高产高效有机食品农业

马新立

一、生物有机肥农业的观点、侃点、看点、注目点

今天，我们一起讨论一些专家关于对生物农业的观点：反映一组用生物有机农业与化学技术农业的数据；说明一个作物高产技术模式——中国式有机农业。这个模式是我们总结集成做出来的，又是国务院《三农发展内参》办公室主任董文奖和中国农科院研究员刘立新，2012年6月6日在新绛县考察后提出来的。

据有关人士统计，目前我国设施农业、大型的现代化温室95%赔钱，5%自保略盈；农村土温室25%赔钱，25%白干，50%赚钱（亩年收入2万～4万元），其中5%的大赚钱（亩年收入5万～10万元）。有人在放弃，有人还在建。

我说，用化学技术搞农业迟早要赔钱；用有机肥搞农业指定不会白干；用生物集成技术搞生物有机农业一定能大赚。

昨天晚上，我对农资新闻媒体领导同志讲，将生物整合技术宣传出去，你们就是"拯救地球大变革"的"先锋功臣"，农业产量翻番，食品质量安全，其可谓是一箭双雕。

在山西省新绛县，农民户均收入10万元，全省第一；亩棚收入5万～7万元，人均收入3万余元比比皆是。2012年7月2日，《山西晚报》报道，港府食卫局局长在香港回归15周年会上有一句话"供港山西农产品安全率达99.999%"，其中蔬菜讲的就是新绛县用生物集成技术生产出来的产品。

我又说，目前只有少数人能理解用昌鑫生物有机肥技术而增产；只有少数人能享受到用昌鑫生物集成技术而获利；只有少数人能吃到用昌鑫生物整合技术生产的有机食品。一是由于我国800余家搞生物有机肥者，90%因种种原因尚不规范不标准。多数固体含量2000万/克，液体2亿/克。而昌鑫生物农业科技有限公司固体达2亿/克，液体达20亿/克以上。二是因为原料，生产规模和销售面均有局限性。

二、学技术、求发展需先树立新观念

（1）"二十一世纪农业是生物农业"，"将来中国农业问题的出路要由生物工程解决"，"酵素菌技术是中国农业未来之希望。"国家已十分重视生物技术的发展。

（2）比尔·盖茨认为："未来经济将由信息技术和生物技术产业者所把持。"

（3）中央农村工作领导组陈锡文讲："提高单产，靠继续增加使用化肥、农药，不仅效益降低，而且破坏环境，也难以为继。"（解释2012年中央一号文件）

（4）日本比嘉照夫两本生物学著作：一本名叫《拯救地球大变

革》；另一本叫《农用与环保微生物》。他 1991 年就提出：①当物理的化学技术的方法碰壁的时候，请探索微生物世界。②微生物世界具有无限的可能性。生物与农业结合可提高产量 2 ～ 3 倍，1991 年在水稻上应用低浓度复合生物菌肥，1000 平方米产水稻 1666 千克，合亩产 1110 千克。③微生物制品是一个新的产业开始，将成为划时代的成果，在解决农药、化肥所存在的问题中发挥积极作用。④人类把生物菌液复合生物菌肥开发利用，地球人增长到 100 亿也不愁无食物可吃。⑤农业就是"无中生有"，能够使有机溶解的发酵菌具有有机物、转化成植物可利用状态。⑥微生物在农业中的作用涉及改良土壤、抑制病虫草害、提高品质和产量、节省劳动力等诸多方面，且都是互相联动的。⑦应用生物技术农业虽已有很多的高新成果，但目前仍被公共机构所忽视。⑧微生物与有机氮结合能将无机氮有机化。

（5）中国农科院刘立新说：①生物有机农业在于微生物能打开植物次生代谢功能，给作物体上打些洞，来阻止物质回流，起到增产和释放化感素和风味素的作用，即保持原种性品种风味，化学农业能闭合风味素的释放，所以生物农业高产优质是可信的。②非豆科生物菌在碳素物的培养下，可供给植物 60% ～ 80% 的有机氮，加上碳素有机肥中的氮可满足农作物高产需求。③在杭州峰会上，刘立新发言稿中讲"山西马新立的一大发现，是将少量生物有机肥或生物菌液与碳素有机物结合，在降低成本、提高产量、保证质量上的实用观点。"④为什么当今农业忽略碳、氢、氧有机生物肥，是因为近 40 年没人将它当商品来开发。

（6）澳门刘苏赞讲："生物整合技术是个能量极大的'炸弹'，引爆就能成功。"所以自 2010 年开始在广东台山创建华侨农场，各种作物增产 0.8 ～ 1.4 倍。

（7）台湾两岸农业发展公司金忆君说："生物集成农业是一项傻瓜技术，应用就能走进致富殿堂。"故 2010 年开始应用，番茄亩收入 10 万～12 万元。

（8）国务院《三农发展内参》办公室主任董文奖说，中国式有机农业在山西绛州，他在 3 个西红柿棚看到用五要素集成技术种植获得的可喜产量：①蔺冠文棚增产 1.5 ～ 1.8 倍。②段文奎棚一穗成果 11 ～ 12 个。③段春龙棚 9 分地一茬收入 3 万元，都是 4 层果。如果是秋延茬、越冬茬一茬可产 2 万千克左右。

（9）我说：①在各种作物上，各地域只要应用生物集成技术，作物均能提高产量 0.5 ～ 3 倍。②用碳素有机物去养活益生菌，用益生菌解决我国"农业八字宪法"中没有涉及的、重要的、不花钱的自然因素，即"气、菌、温、病、虫、草，"产量就可大幅度提高。因为目前化学农业技术对气、光的利用率不足 1%，提高 1% 作物产量就翻番。③作物生长的三大元素是碳、氢、氧，含量 95%，而不是氮、磷、钾，含量 2.7% 左右。生物有机肥能将在杂菌环境下由有机碳素物利用率的 20% ～ 24%，提高到 100% ～ 200%（比嘉照夫论点）。④植物诱导剂能将作物光合强度提高 0.5 ～ 4 倍，控秧控蔓，产量也就会相应提高。⑤按 50% 天然钾肥 100 千克产果菜 8000 千克；产叶菜 1.2 万～ 1.6 万千克；产粮食 1660 千克投入。作物产量较对照保证翻番。另外，生物有机肥与无机钾结合酸根找不到了，也就有机化了。

以上提到的几要素结合，就是集成技术，就是中国式有机农业"一种有机农作物的田间管理方法。"

我们现在聚集在一起，讨论一件《拯救地球大变革》（日本比嘉照夫编著）中描述的事，干利国利民利人类利自己的大事。因为目前西欧式有机农业，不施任何有机无机肥料，靠地多轮作倒茬，走洁地等于净食之路，产量比化学技术降低50%以上，而且越种越低，直至换茬。我们研究的中国式有机农业，是用生物有机肥＋品种卖相＋钾＋植物诱导剂＋植物修复素，较当前用化学技术成本降低30%～50%，产量提高0.5至3倍，产品属有机食品。

开发生物有机肥料，实现非豆科固氮，就能解决氮肥不足而减产的问题；实现开启植物次生代谢途径并能够使次生代谢产物大量产生，不用农药就可以解决植保问题，同时还可以使农产品品质和风味大大的提高和改善。提高土壤生命活力，生产高产有机农产品就成为农业经济翻番的重要支撑力量。

三、目前我国化学技术和生物有机肥农业的产量对比情况

西红柿　现在用化学技术一茬高产量0.5万～0.8万千克，生物技术一茬高产量1.5万～2万千克。山西省新绛县西南董杨小才早春一茬、山西省襄汾县红崖村越夏一茬、北京某部队越冬一茬均在2万千克左右。澳门地区刘苏赞在广东省台山市用生物技术种植番茄，每个达250～350克，较用化学技术重100克左右，增产2～3倍。

茄子　现在化学技术产量0.5万～0.8万千克，生物技术产量1.3万～2.5万千克。山西省新绛县南梁村付虎子越冬一茬亩产1.8万～2.2万千克，辽宁台安县赵全亩产2.6万千克。

辣椒　化学技术亩产量4000千克，生物技术产量0.75万～1.5万千克。山西省新绛县樊村段建红薄皮螺丝椒、良椒1号亩产0.75万千克；辽宁省台安史永发、山东省青州齐富光选用荷兰厚皮品种亩产1.5万千克；山西省新绛县光村蔺冠文种植的天樱干椒亩产400千克，常规种植亩产100～200千克。

黄瓜　化学技术一茬产量0.3万～0.8万千克，生物技术一茬亩产量1.5万～2.3万千克。新绛县南张村董小俊，春茬亩产1.7万千

克，秋茬亩产1.2万千克，年亩总产2.9万千克；新绛县樊村许金良越冬一大茬亩产2.25万千克；龙兴镇西木赞李俊旺用生物技术较化学技术对照增产5倍。

　　小麦　据《运城日报》2012年6月6日报道，运城市2011年530万亩小麦平均亩产280.65千克。按化学技术小麦一般亩产250～300千克，2010—2012年山西省新绛小李村马怀柱用生物技术回茬小麦亩产608～660千克。山东省成武赵景天化学技术亩产300余千克，生物技术亩产750千克。河南省南阳司民胜化学技术亩产450千克，生物技术亩产1020千克。2012年山西省新绛县西王村张俊安，用生物技术种植济麦22旱垣地区亩产571.2千克，山西省新绛县小李村有机小麦专业合作社社员马小光种植的良星66小麦品种，亩产660.96千克。山西省侯马市乔村杨西山用生物技术种植兰考2-7小麦亩产826.2千克。河南省邓州市用生物技术五统一管理小麦，全市平均亩产达550千克。

　　水稻　广东台山刘苏赞用化学技术小粒灿米亩产100～150千克，生物技术产200～290千克，增产79%。我国的杂交水稻，用化学技术几年来产量一直徘徊在550～600千克。2011年用生物技术在湖南省隆回县种植亩产达922.6千克（2011年9月22日新华网）。日本在1991年前，在用生物技术发酵合成土壤上种植的水稻，不用化肥，不用农药，1000平方米1666千克，合亩产就已达1110千克。

　　半夏（中药材）　2009年山西新绛泽掌南范庄张新叶5亩地收入15.5万元，每斤24元，亩产合625千克。山西省新绛阳王北池杨志平，2011年用生物技术大面积亩产900千克，小面积一块地亩产高达1500千克。而化学技术产量在400千克左右。

　　苹果　化学技术盛产期苹果亩产量2500千克，生物技术产量为0.5万～0.65万千克。山西新绛北张镇西南董张栋梁用生物技术连续

3年亩产3600千克，山西新绛县横桥乡西王村张安娃亩产0.5万千克，陕西礼泉县罗树发亩产6250千克。

玉米　山西新绛北行庄一种植户用生物技术拌种，增产30%，也就是说一般化学技术亩产量600千克，生物技术亩产900千克以上。在甘肃临洮县八里铺上街村王志晓田，选用豫玉2号，生物技术亩产1100千克，据他说，冰雹打了一下，不然可达1200～1500千克。山西忻州市玉米研究所用生物技术，每穴双株留苗，亩产达1300千克。

生物有机肥农业生产的农产品可谓有机食品。

四、生物有机肥技术及五大整合要素的关系

碳素有机肥是动植物体具有的主要营养素，生物菌是提高营养利用率、防止病虫害的中介力量，钾是作物高产品质元素，植物诱导剂可以控秧促根、促果，提高作物抗性，提高和光合强度物资。

一是有机碳素肥。作物生长的三大元素是碳、氢、氧，占作物体所需95%左右，即秸秆、畜禽粪、风化煤、草炭、各种农副产品下脚料、饼肥，而不是只占作物体2.7%的氮、磷、钾。所以施大量化肥，浪费量为70%～90%，污染环境和食品。目前，增产已到极限，再想提高没什么前景。而有机肥中的碳、氢、氧是决定产量翻番的基本物资。1千克干秸秆可产6千克鲜果实，12千克叶菜，0.5千克干籽粮食。需求量的主次摆正，作物就能高产优质。

二是微乐士生物液。有机肥必须施用益生菌液，有机肥在杂菌作用下只能利用20%～24%，76%～80%有机营养放空而去。而在有机肥上撒上益生菌，其中的碳、氢、氧、氮不仅全利用，而且还会吸收空气中的二氧化碳（含量330毫克/千克），吸收空气中的氮元素（含量78%，即每亩地上的空气中有氮气4800吨），我们在不施生物

菌和肥料的情况下，空气中的营养利用率不足1%，用上益生菌利用率可提高1倍以上，所以说化肥是低循环利用，生物菌对天然有机营养是高循环利用，可提高利用率1～3倍，产量也就可提高1～3倍。

另外，生物菌还有几个好作用。①根系可直接吸收土壤中的有机质肥营养，即不通过光合作用合成产品。②平衡土壤和植物营养，作物不易染病。③使害虫不易产生脱壳素而窒息死亡，能化虫。④能打开植物风味素和感化素，品质优良，好吃。而施化学物能闭合植物次生代谢功能，"两素"不能释放，口感不好、营养价值低。⑤能分解土壤中的营养，吸收空气中的营养。

三是钾营养。作物产量要翻番，除新疆罗布泊和青海、甘肃区域土壤中钾盐丰富区，土壤含钾量在200～400毫克/千克，不必施钾外，全国各地土壤含量都在100毫克/千克左右，作物要高产，必须补钾。瓜果作物施含量50%天然钾100千克按产果8000千克投入计算，产叶菜16000千克，产小麦、玉米等干籽粮食1660千克。

四是植物诱导剂。有机肥、生物菌三结合，作物抗病长势旺，秆壮。但不定能高产，因为作物往往徒长，营养生长过旺，必然抑制生殖生长。怎么办？用植物诱导剂灌根或叶面喷洒，控秧促根，控蔓促果，提高光合强度0.5～4倍，作物抗热、抗冻、抗病，生长能力特强，产量就特高。

五是植物修复素。能打破作物顶端生长优势，激活沉睡不劳作的叶片细胞，营养向果实转移，愈合叶面果面伤口，丰满果实，着色一致，增加含糖度1～2度，商品形状好，货架期长，品质特好，卖相好，就能提高商品价值。以上五要素结合就是生物技术成果五要素。

五、成果认可

2008年12月五要素整合技术认定为山西省科技成果，2009年12月获山西省人民政府科技进步二等奖，2010年获国家知识产权局发明专利，2011年8月3日正式向世界公布——一种有机蔬菜的田间栽培方法。

六、对昌鑫董事会的建议

把生物有机肥纳入"一种有机农产品的田间管理方法"　国家知识产权局发明专利，开发中国式有机农业新模式，超脱西欧有机农业模式，为农业产量、效益翻番和食品安全供应做为国增光的有益之事，把生物创新整合技术推广列入响应党中央和国务院发展农村经济和民生要求的政治任务来完成。

争取尽快办理生物有机肥有机农产品准用认证手续　在包装袋印上"中华人民共和国国家标准GB/T 19630.2—2011有机产品附录A"准用物资，扩大影响力和销售量，制定分品种生产标准和厂法、推广、实验、示范生物有机肥及整合科技成果技术在各种农作物上的应用。

建立示范点和销售网络　按今年昌鑫生物公司冠名、由中国农业出版社出版的《中国式有机农业——粮棉果菜药有机高产栽培方案》，在大同盐碱地作物、太原水稻、忻州玉米、临汾小麦、吕梁土豆、运城棉花，及其他蔬菜、药材、果树等选择示范点，按有机栽培五要素去做，让其产量较化学技术提高0.5～2倍，一方面让广大群众看，让地方政府认可；另一方面按自选项目向国家、省科技系统报成果，然后向国家、省农委、农业开发办、财政等部门报推广项目和争取经费。大量印发相关生物有机肥的技术资料，树立示范牌匾，宣传推广生物农业技术。

编发厂报，即生物有机农业导报　收集相关名人看点，科技人员论点，农民的致富兴奋点，国家相关生物技术的政策观点和昌鑫生物有机肥在农业发展上的亮点，让昌鑫产品既会下蛋也会叫鸣。在每个县集中财力建立一个展销厅，就地供用，降低成本。我国每年有7亿吨秸秆被自然风化和烧掉，就不知1千克干秸秆在有益菌的作用下可生成0.5千克粮食或5～6千克鲜瓜果。

按中国式有机农业高产栽培昌鑫示意图行动　在厂内和示范点立牌宣传，让广大群众认识昌鑫生物肥，并把用昌鑫生物有机肥作为群众自觉行动。

选重点县，集中力量通过专业合作社四价供货　按示范推广价、厂家成本价、批发价、零售价四价供货，不赊账，让农民产生激情，争取用前两价生物有机肥来激活种植户用肥的积极性。

整合成果推广要素　目前全国有生物有机肥登记厂家600余家，要与陕西合阳赛众28钾硅肥厂、云南生态研究所778诱导剂生产厂、新疆罗布泊天然钾肥厂联手宣传，互惠互利。让三农经济产生巨大效果，让昌鑫在全国独处一帜。

建议出实际含菌量的特供生物有机肥　目前国家规定，生物菌液体含菌量2亿/克，固体2千万/克，而实际生产上含量高达20亿～100亿/克，我们按特供品供给含实际量的标记，有利于提高本厂产品声誉和效果。

让各级政府在大力推广现代农业技术及秸秆还田的行动中，不要忘了撒施生物有益菌，不要忘了补充钾素营养，不要忘了用植物诱导剂控制徒长提高作物抗逆性，不要忘了用植物修复素提高农产品的品质和卖相，为广大群众提供有机食品，提高农民收益，铺平发展道路。

用哲理战略眼光推广生物有机肥料　战略眼光，就是以"为人民服务"为轴心的思想赢天下。利从民富中来，效从民利中来。

战略手法：①饥饿供货法：不让经销商积压货，不让农民多施，站在让农民省钱、让市场断续饥饿状态供货。②套餐供应法：不仅要宣传生物有机肥，还要配上相关增产优质的成果，如秸秆、畜禽粪、植物诱导剂、钾、植物修复素等，让农民一用就成、一用就中、一用就回头望。③按区域土壤现状配货，主要考虑地方土壤中的碳、钾含量，如东北黑土、山东苍山等地，土壤中含碳丰富，注重供微生物，如微乐士、微乐士生物菌液就能达到降低成本提高产量的效果；再如新疆乌鲁木齐和罗布泊、甘肃等地土壤中含钾达300毫克/千克，高产田达240毫克/千克，就不需再施钾肥了。④按作物高产所需营养标准进行技术引导，如干秸秆含碳45%，每千克按供产果菜5千克；含碳25%畜禽粪（半湿态），每千克按供产果瓜2.5千克供产叶菜类1.0～12千克，产干粒粮食0.4～0.5千克计算投入；含50%天然矿物钾，每100千克按供产瓜8000千克，产叶类菜1.2万～1.6万千克，产干粒粮食1660千克计算投入。每亩用植物诱导剂50克800倍液，用植物修复素3～6粒，每粒兑水15～30千克，叶面喷洒，这样生产的产品属有机食品，产量较化学技术可提高0.5～2倍。

七、对新版"有机农产品生产"认证标准的意见

中华人民共和国国家质量监督检验疫总局、中国国家标准化管理委员会于2011年12月5日发布了中华人民共和国国家标准：GB/T 19630.1～19630.4—2011，并于2012年3月1日实施。本人对这一标准的"有机产品第1部分：生产5　植物生产"有几点意见：

意见一：5.1.1中的"一年生植物的转换期至少为播种前的24个月"建议加上"用生物集成技术种植，可不需要转换期"，本人整合的有机碳素肥（有机农产品生产准用物）+微乐士生物菌或微

乐士生物菌液（有机农产品认证准用物）＋植物诱导剂（有机农产品认证准证）＋赛众28钾（有机农产品认证准用物）＋品种卖相方法生产的有机农产品产量均较化学技术提高0.5～2倍。用此法，其产品连续四年被国内外检疫合格，供应香港地区及6个国家。在香港回归15周年之际，港府食卫局公布，供港山西农产品合格率占99.999%。

意见二：5.2.2中的"在同一生产单元内，一年生植物不应存在平行生产"可加上"用生物集成技术者除外"。因为经国内多数地区，多个品种应用生物集成技术，病虫害会得到较好控制，不会对作物造成大危害，故产量、品质均能提高。

意见三：5.7.5中的"可使用生物肥料，为使堆肥充分腐熟，可在堆制过程中添加来自于自然界的微生物……"说法不够准确。原因有：①既然有机农业生产施生物有机肥，那么生物有机肥应该给予机认证，以利大力推广生物肥料，提高作物产量和质量。②有机肥的堆积、充分腐熟是一个有机质释放浪费的过程，所以除禽类粪需腐熟、将五种对作物有害物转换外（需15天左右），畜粪、秸秆、草碳、风化煤等有机肥不需要充分沤制腐熟，这样才能最大限度地利用自然界有机物。

意见四：5.8.1中的"清洁田园"建议改为"用酵素菌等益生菌液分解秸秆还田，控制病菌、害虫、杂草等"。因为经我们试验，含水量50%以上的作物秸秆，打烂于田间，撒上分解菌液，5～7天可将秸秆分解成粉状，其有机质供新茬作物利用，不会出现重茬病虫害。

另外，将"轮作倒茬，间作套种"去掉，因为我国祖先的种植经验是"轮作倒茬"，是无益生菌肥液供应时代，系无奈之举。现在西欧国家搞"轮作倒茬"，是地多、又无整合生物集成技术的无奈做法，现在我国推广西方有机农业生产模式不适宜，按中国农科院研究员刘立新和国务院《三农发展内参》办公室主任董文奖的话讲，那样做"是要饿死人的"。他们2012年6月6日在新绛考察时多次问及农民作物连作问题，回答是西红柿、茄子、辣椒、黄瓜等作物连续种15～20年30～40茬，不存在连作障碍。用生物技术较过去用有机肥、化肥、化学农药技术成本低30%～50%，产量提高0.5～2倍，产品长相好、口感好，符合有机食品标准要求。他们高兴地说："从新绛看到中国式有机农业。"笔者以"一种有机蔬菜的田间管理方法"专利发明技术和实践为轴心，总结出一套6本中国式有机农业高产操作规范图说，由中国农业出版社、金盾出版社和科学技术文献出版社出版，可望引领中国式有机农业发展，解决农业产量、收入翻番和食品安全供应问题。

目前，国内外多数人认为，不用化肥、化学农药，作物产量要降低30%～50%。我们的实践证明，用生物整合集成技术，较化学技术增产0.5～3倍，与日本专家比嘉照夫论点一致，详见《农用与环保微生物》一书："如果调查某一作物高产例子，就会发现不少是平均产量的2倍和3倍。"

故建议：

（1）各级干部及群众认真领会中央有关生物技术推广应用的政策精神，把农业经济翻番和食品安全生产供应放在依靠生态生物技术推广应用上。

（2）从认识上接受联合国粮食权利特别报告员奥利维德舒特研究报告中肯定的意见：①生态农业将解决全球人温饱问题；②生态农业有望实现全球粮食产量翻番；③生态生物技术提高产量胜过化肥，可提高79%以上。

（3）深刻理解和实行日本专家比嘉照夫理论：将生物菌开

发、利用，提高农作物的产量，解决粮食危机。

  （4）各级党政部门应大力组织宣传，应用生物技术发展生态农业，保障地方农业经济提前翻番和食品安全生产供应。

  （作者为昌鑫生物科技顾问、全国生态农业科技专家，于2012年7月16日山西战略合作伙伴峰会。本文曾刊于山西社情民意2012年3月14日、《山西农民报》2012年7月3日）

附图与附表

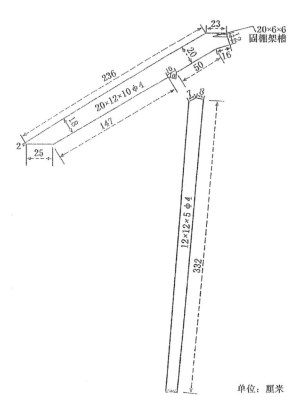

附图1　鸟翼形长后坡矮后墙生态温室预制横梁与支柱构件图

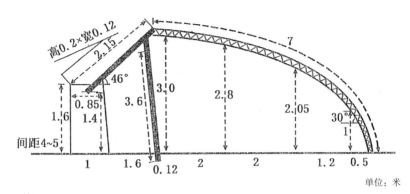

注：
上弦：国标管外φ2.5厘米（6分管）　下弦：φ12#圆钢　W型减力筋：φ10#圆钢
水泥预制立柱上端马蹄形，往后倾斜30°　水泥预制横梁后坡度46°，上端设固棚架穴槽

附图2　鸟翼形长后坡矮后墙生态温室横切面示意图

特点：冬至前后室温白天可达28～30℃，前半夜18℃左右，后
　　　半夜最低12℃左右，适宜栽培各种喜温蔬菜。

结构：后墙矮，仰角大，受光面大。后屋深，冬暖夏凉。棚脊
　　　低，升温快。前沿内切角大，散光进入量比琴弦式多
　　　17%。跨度适当，安全生产。方位正南偏西7°～9°，冬
　　　季日照及光合作用时间增加11%。墙厚1米，抗寒贮热
　　　好。后屋内角46°，冬至前后四角可见光。

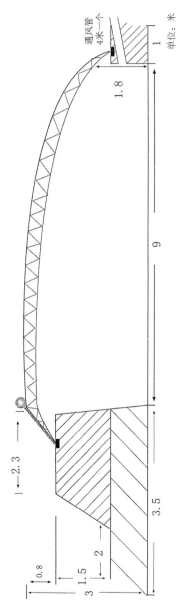

附图3　鸟翼形无支柱半地下式简易温棚横切面示意图

单位：米

特点：

(1) 利用率70%；

(2) 昼夜温差大，适宜茄子、西红柿、黄瓜、彩椒等瓜果菜，高产优质；

(3) 造价是温室的2/3，抗风；

(4) 夏天便于通风排湿，适合早春、越夏、早秋栽培各种蔬菜；

(5) 微喷滴灌。

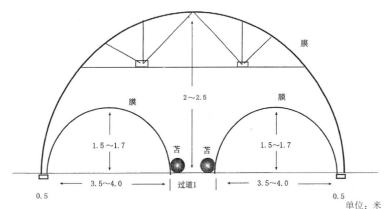

附图4　组装式两膜一苫钢架大棚横切面示意图

特点与用料：（1）南北走向；（2）大棚1寸钢管焊制，长6.5～7米；（3）小棚用厚1厘米，宽3.5～4厘米的竹片。

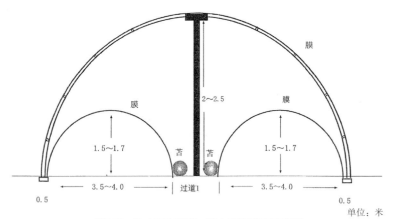

附图5　竹木结构两膜一苫大棚横切面示意图

特点与用料：（1）南北走向；（2）大棚竹杆粗头直径10厘米，长6.5～7米；（3）小棚用厚1厘米，宽3.5～4厘米的竹片；（4）立柱砼预制件10厘米×10厘米，内设4根4.5毫米的冷拔丝。

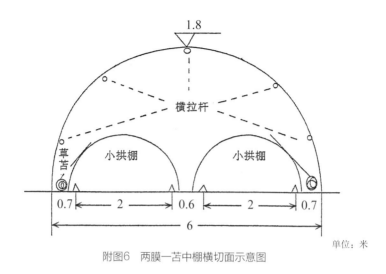

单位：米

附图6　两膜一苫中棚横切面示意图

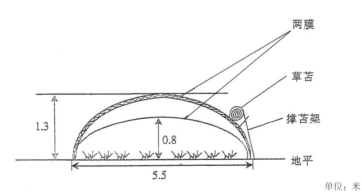

单位：米

附图7　两膜一苫小棚横切面示意图

附表1 有机肥中的碳、氮、磷、钾含量速查表

肥料名称	碳(C, %)	氮(N, %)	磷(P_2O_5, %)	钾(K_2O, %)
粪肥类				
（干湿有别）				
人粪尿	8	0.60	0.30	0.25
人尿	2	0.50	0.13	0.19
人粪	28	1.04	0.50	0.37
猪粪尿	7	0.48	0.27	0.43
猪尿	2	0.30	0.12	0.00
猪粪	28	0.60	0.40	0.14
猪厩肥	25	0.45	0.2l	0.52
牛粪尿	18	0.29	0.17	0.10
牛粪	20~26	0.32	0.2l	0.16
牛厩肥	20	0.38	0.18	0.45
羊粪尿	12	0.80	0.50	0.45
羊尿	2	1.68	0.03	2.10
羊粪	12~26	0.65	0.47	0.23
鸡粪	20~25	1.63	1.54	0.85
鸭粪	25	1.00	1.40	0.60
鹅粪	25	0.60	0.50	0.00
蚕粪	37	1.45	0.25	1.11
饼肥类				
菜子饼	40	4.98	2.65	0.97
黄豆饼	40	6.30	0.92	0.12
棉子饼	40	4.10	2.50	0.90
蓖麻饼	40	4.00	1.50	1.90
芝麻饼	40	6.69	0.64	1.20
花生饼	40	6.39	1.10	1.90

肥料名称	碳(C,%)	氮(N,%)	磷(P$_2$O$_5$,%)	钾(K$_2$O,%)
绿肥类				
（老熟至干）				
紫云英	5～45	0.33	0.08	0.23
紫花苜蓿	7～45	0.56	0.18	0.31
大麦青	10～45	0.39	0.08	0.33
小麦秆	27～45	0.48	0.22	0.63
玉米秆	20～4S	0，48	0.22	0.64
稻草秆	22～45	0.63	0.11	0.85
灰肥类				
棉秆灰	（未经分析）	（未经分析）	（未经分析）	3.67
稻草灰	（未经分析）	（未经分析）	1.10	2.69
草木灰	（未经分析）	（未经分析）	2.00	4.00
骨灰	（未经分析）	（未经分析）	40.00	（未经分析）
杂肥类				
鸡毛	40	8.26	（未经分析）	（未经分析）
猪毛	40	9.60	0.21	（未经分析）
腐植酸	40	1.82	1.00	0.80
生物肥	25	3.10	0.80	2.10

注：每千克碳供产瓜果10～20千克、整株可食菜20～40千克，每千克氮供产菜380千克，每千克磷供产瓜果660千克。

附表2 品牌钾对蔬菜的投入产出估算

2010年3月20日

品　名	每袋产量	目前市价	投入产出比
含钾45%纯钾（运城产）	每50千克袋可产瓜果2745千克	每袋118元	1：23.2
含钾33%（含镁20%）（青海产）	每25千克袋可产瓜果1006千克	每袋48元	1：20.9
含钾51%纯钾（新疆产）	每50千克袋可产瓜果6000千克	每袋240元	1：21.5
含钾52%纯钾（俄罗斯产）	每50千克袋可产瓜果6700千克	每袋260元	1：25.7
含钾25%（含硅42%，稀土若干）（陕西合阳产）	每25千克袋可产瓜果625千克，硅可避虫，稀土增品质	每袋62元	1：10
含钾26%膨坐果（含磷）	每8千克袋可产瓜果268千克	每袋20元	1：13.4
含钾20%稀土高钙钾	每4千克袋可产瓜果122千克	每袋10元	1：12.2
含钾5%茄果大亨（含氮8%）	每袋2.5千克，叶弱用	每袋7元	宜缺氮时使用
含钾22%冲施灵（含镁氮磷）	每袋5千克，产果139千克	每袋20元	1：6.7

说明：按世界公认每千克纯钾可供产果瓜122千克、菜价按1元／千克计，因用微乐士生物菌液或肥，可吸收空气中的氮，分解土壤和有机肥中的矿物营养。另参考了有机蔬菜禁用化学氮、磷肥的因素。

参考文献

[1] 马新立、王广印等.有机蔬菜标准化良好操作规范[M].北京：科学技术文献出版社，2007

[2] 马新立.马新立谈有机蔬菜高效栽培[M].北京：科学技术文献出版社，2010

[3] 马新立等.有机蔬菜生产保鲜与出口[M].北京：中国农业出版社，2010

[4] 马新立.马新立谈有机蔬菜生产与认证[M].北京：科学技术文献出版社，2010

[5] 马新立，李国秋等.生物有机农业高产栽培技术方案[M].北京：中国农业出版社，2012

[6] 马新立.绿色蔬菜高产栽培100例[M].北京：金盾出版社，2012

[7] 马新立、王建元、马波.两膜一苫拱棚种菜新技术[M].北京：金盾出版社，2006

[8] 刘立新.科学施肥新思维与实践[M].北京：中国农业科学技术出版社，2008

[9] 马新立.关于推广生物有机农业创新技术成果，促进我国小麦产量翻番的建议.民建中央网、新华网等 2009—2012年

[10] 李冬艳，马新立.有机蔬菜生产十二要素[J]北京：蔬菜，2009：4～5

[11] 马新立.新绛县有机蔬菜生产准则[J].山西农业科学，2007（3）：29

[12] 王广印，马新立，王建元.茄子生态平衡管理原理与实践[J].安徽农业科学，2006（10）：2046～2048

[13] 王广印，马新立，张全等.有益菌对有机质的分解作用及对蔬菜的增产效应[J].广东农业科学，2006（10）：45～46

[14]　王广印、马新立等.微乐士生物菌液分解秸秆的效应及其在有机蔬菜生产上的应用[J].湖北农业科学，2012（2）：737～738

[15]　王广印，马新立等.日光温室秋冬茬番茄高产栽培技术与分析[J].湖北农业科学，2012（2）：1378～1380

[16]　马新立，张仝.生物有机农业发展探析，中国农业系统工程学术年会论文集.中国知网，2011

[17]　刘立新，梁鸣早.植物次生代谢作用及其产物概述[J].中国土壤与肥料，2009（5）：82～86

[18]　吴岱彦，刘立新.中国有机农业的选择.三农发展内参，2010

[19]　国家标准"有机产品"GB/T 19630.1～19630.1—2011

内容简介

　　本书以农业科技专家、北京《蔬菜》杂志科技顾问、山西省新绛县人大常委会副主任、高级农艺师马新立，山西省新绛县农委科教站站长卫安全，河南科技学院副教授陈碧华等整合的"一种有机蔬菜的田间栽培方法"为轴心，以中国农业科学院原土壤肥料所研究员刘立新提出的"中国式生物有机农业"发展的基本理论为关键词，以山西昌鑫生物农业科技有限公司研发与提纯的生物菌液为力源，分别介绍了几种典型有机农作物的标准化高产栽培模式，并对其理论依据和现实意义做了论述。书中提供了生物集成技术的原理、相关产品和"昌鑫生物"峰会成果应用报告，以及设施建造的具体方法。此高产栽培模式在生产管理中能比过去化学技术生产成本降低30%～50%，产量提高0.5～1倍。产品符合有机食品出口标准要求，出口俄罗斯、日本、美国、韩国，并通过我国香港特区销往中东地区。

　　本书适宜广大农民、技术服务者及农资企业管理者参考学习。

定价：14.00 元　　　　定价：13.00 元　　　　定价：24.00 元

定价：22.00 元　　定价：28.00 元　　定价：29.00 元　　定价：25.00 元

定价：28.00 元　　定价：16.00 元　　定价：13.00 元　　定价：14.00 元